建筑施工特种作业人员培训教材

桥(门)式起重机司机

建筑施工特种作业人员培训教材编委会　组织编写

中国建筑工业出版社

图书在版编目（CIP）数据

桥（门）式起重机司机/建筑施工特种作业人员培训教材编委会组织编写 .—北京：中国建筑工业出版社，2019.7（2023.5重印）

建筑施工特种作业人员培训教材
ISBN 978-7-112-23887-3

Ⅰ.①桥… Ⅱ.①建… Ⅲ.①建筑机械-起重机械-操作-技术培训-教材　Ⅳ.①TH2

中国版本图书馆 CIP 数据核字（2019）第 129157 号

　　本书依据新版的标准规范，全面讲述了桥（门）式起重机的构造、安装、调试、保养及其安全操作技术和管理知识。书中附有桥（门）式起重机常见故障、处置方法。本书适合作为建筑施工现场桥（门）式起重机操作人员、管理人员的培训教材，也可供相关人员参考学习使用。

责任编辑：李　慧　李　明　李　杰
责任校对：焦　乐

建筑施工特种作业人员培训教材
桥（门）式起重机司机
建筑施工特种作业人员培训教材编委会　组织编写
*
中国建筑工业出版社出版、发行（北京海淀三里河路 9 号）
各地新华书店、建筑书店经销
北京红光制版公司制版
建工社（河北）印刷有限公司印刷
*
开本：850×1168 毫米　1/32　印张：6½　字数：171 千字
2019 年 10 月第一版　　2023 年 5 月第三次印刷
定价：**24.00** 元
ISBN 978-7-112-23887-3
（34121）

建筑施工特种作业人员
培训教材编委会

主　任：高　峰

副主任：王宇旻　陈海昌

委　员：金　强　朱利闽　朱　青　刘钦燕　张丽娟

　　　　陈晓苏　马　记　曹　俊　杜景鸣　查继明

　　　　高海明　周保建　樊路军　李朝蓬　王尚龙

　　　　张鹏程　何红阳

本书编审委员会

主　　编：查继明

副 主 编：夏崇汉

编写成员：曹志皓　俞　波

（本系列教材公共基础知识编写成员：金　强　朱利闽
　朱　青　刘　辉）

审　　稿：李向东

前　　言

　　《中华人民共和国安全生产法》规定："生产经营单位的特种作业人员必须按照国家有关规定经专门的安全作业培训，取得相应资格，方可上岗作业"。建筑施工特种作业人员是指在房屋建筑和市政工程施工活动中，从事可能对本人、他人及周围设备设施的安全造成重大危害作业的人员。作为建设行业高危工种之一，其从业直接关系建筑施工质量安全，直接关系公民生命、财产安全和公共安全。

　　为进一步紧贴建筑施工特种作业人员职业素质和适岗能力的实际需要，编写委员会组织编写了《建筑电工》《建筑架子工》《附着式升降脚手架架子工》《建筑起重信号司索工》等24个工种的系列教材。该套教材既是相关工种培训考核的指导用书，又是一线建筑施工特种作业人员的实用工具书。

　　本套教材在编写过程中，得到了江苏省相关专家和部门的大力支持，在此一并表示感谢！因编者水平有限，难免会存在疏漏和不足之处，真诚希望广大同行和读者给予批评指正。

编者

二〇一九年五月

目　　录

第一部分 公共基础知识

第一章 职业道德

第一节 道德的含义和基本内容

1. 道德的含义

道德是一种社会意识形态，是人们共同生活及其行为的准则与规范。

意识形态除了道德以外，还包括政治、法律、艺术、宗教、哲学和其他社会科学等意识形态，是对事物的理解、认知，对事物的感观思想，是观念、观点、概念、思想、价值观等要素的总和。如：对生命的认识和观点；对金钱物质的看法等。

道德往往代表着社会的正面价值取向，起判断行为正当与否的作用。道德是以善恶为标准，通过社会舆论、内心信念和传统习惯来评价人的行为，调整人与人之间以及个人与社会之间相互关系的行动规范的总和。

2. 道德与法纪的关系

遵守道德是指按照社会道德规范行事，不做损害他人的事。遵守法纪是指遵守纪律和法律，按照规定行事，不违背纪律和法律的规定条文。法纪与道德既有区别也有联系，它们是两种重要的社会调控手段。

（1）法纪属于社会制度范畴，而道德属于社会意识形态范畴。道德侧重于自我约束，是行为主体"应当"的选择，依靠人们的内心信念、传统习惯和社会舆论发挥其作用，不具有强制力；而法纪则侧重于国家或组织的强制手段，是国家或组织制定和颁布，用以调整、约束和规范人们行为的权威性规则。

（2）遵守法纪是遵守道德的最低要求。道德一般又可分为两类：第一类是社会有序化要求的道德，是维系社会稳定所必不可少的最低限度的道德，如不得暴力伤害他人、不得用欺诈手段谋取利益、不得危害公共安全等；第二类是那些有助于提高生活质量、增进人与人之间紧密关系的原则，如博爱、无私、乐于助人、不损人利己等。第一类道德有时也会上升为法纪，通过制裁、处分或奖励的方法得以推行。而第二类道德是对人性较高要求的道德，一般不宜转化为法纪，需要通过教育、宣传和引导等手段来推行。法纪是道德的演化产物，其内容是道德范畴中最基本的要求，因此遵纪守法是遵守道德的最低要求。

（3）遵守道德是遵守法纪的坚强后盾。首先，法纪应包含最低限度的道德，没有道德基础的法纪，是无法获得人们的尊重和自觉遵守的。其次，道德对法纪的实施有保障作用，"徒善不足以为政，徒法不足以自行"，执法者职业道德的提高，守法者的法律意识、道德观念的加强，都对法纪的实施起着推动的作用。再者，道德又对法纪有补充作用，有些不宜由法纪调整的，或本应由法纪调整但因立法的滞后而尚"无法可依"的，道德约束往往就起到了必要的补充作用。

3. 公民道德的基本内容

公民道德主要包括社会公德、职业道德、家庭美德及个人品德四个方面。

（1）社会公德。公德是指与国家、组织、集体、民族、社会等有关的道德，社会公德是社会道德体系的社会层面，是维护社会公共生活正常进行的最基本的道德要求，是全体公民在社会交往和公共生活中应该遵循的行为准则，涵盖了人与人、人与社会、人与自然之间的关系。以文明礼貌、助人为乐、爱护公物、保护环境、遵纪守法为主要内容的社会公德，旨在鼓励人们在社会上做一个好公民。

（2）职业道德。职业道德是人们在职业生活中应当遵循的基本道德，是职业品德、职业纪律、专业能力及职业责任等的总称，它通过公约、守则等对职业生活中的某些方面加以规范。职业道德涵盖了从业人员与服务对象、职业与职工、职业与职业之间的关系；它既是对从业人员在职业活动中的行为要求，又是本行业对社会所承担的道德责任和义务。以爱岗敬业、诚实守信、办事公道、服务群众、奉献社会为主要内容的职业道德，旨在鼓励人们在工作中做一个好的建设者。

（3）家庭美德。家庭美德是调节家庭成员之间、邻里之间以及家庭与国家、社会、集体之间的行为准则，也是评价人们在恋爱、婚姻、家庭、邻里之间交往中的行为是非、善恶的标准。以尊老爱幼、男女平等、夫妻和睦、勤俭持家、邻里团结为主要内容的家庭美德，旨在鼓励人们在家庭生活里做一个好成员。

（4）个人品德。个人品德是一定社会的道德原则和规范在个人思想和行为中的体现，是一个人在其道德行为整体中所表现出来的比较稳定的、一贯的道德特点和倾向。个人品德是每个公民个人修养的体现，现代人应树立关爱、善待和宽厚的理念，对他人、对社会、对自然有关爱之心、善待之举和宽厚情怀。个人品德的内容包括很多，比如正直善良、谦虚谨慎、团结友爱、言行一致等等。

社会公德、职业道德、家庭美德、个人品德这四个方面是一个有机的统一体，其外延由大到小，内涵由浅到深，共同构成一个完善的道德体系。在"四德"建设中，人的能动性及个人品德建设是至关重要的，个人品德的修养是树立道德意识、规范言行举止、建设和谐家庭、模范地做好工作、维护社会和谐的基础。只有个人具备优良品德修养才能由己及人，才能由己及家庭、集体和社会。正确处理个人与社会、竞争与协作、经济效益与社会效益等关系，树立尊重人、理解人、关心人的理念，发扬社会主义人道主义精神，提倡为人民为社会多做好事、体现社会主义制度优越性、促进社会主义市场经济健康有序发展的良好道德风尚。

党的十八大对未来我国道德建设做出了重要部署。强调依法治国和以德治国相结合，加强社会公德、职业道德、家庭美德、个人品德教育，弘扬中华传统美德，倡导时代新风，指出了道德修养的"四位一体"性。十八大报告中"推进公民道德建设工程，弘扬真善美、贬斥假恶丑，引导人们自觉履行法定义务、社会责任、家庭责任，营造劳动光荣、创造伟大的社会氛围，培育知荣辱、讲正气、作奉献、促和谐的良好风尚"，强调了社会氛围和社会风尚对公民道德品质的塑造；"深入开展道德领域突出问题专项教育和治理，加强政务诚信、商务诚信、社会诚信和司法公信建设"，突出了"诚信"这个道德建设的核心。

第二节 职业道德的基本特征和主要作用

1. 职业道德的概念

职业道德是指所有从业人员在职业活动中应该遵循的行为准则，是一定职业范围内的特殊道德要求，即整个社会对从业人员的职业观念、职业态度、职业技能、职业纪律和职业作风等方面的行为标准和要求。

职业道德是随着社会分工的发展，并出现相对固定的职业集团时产生的，人们的职业生活实践是职业道德产生的基础。特定的职业不但要求人们具备特定的知识和技能，而且要求人们具备特定的道德观念、情感和品质。各种职业集团，为了维护职业利益和信誉，适应社会的需要，从而在职业实践中，根据一般社会道德的基本要求，逐渐形成了职业道德规范。

职业道德是对从事这个职业所有人员的普遍要求，它不仅是所有从业人员在其职业活动中行为的具体表现，同时也是本职业对社会所负的道德责任与义务，是社会公德在职业生活中的具体化。每个从业人员，不论是从事哪种职业，在职业活动中都要遵守职业道德，如现代中国社会中教师要遵守教书育人、为人师表的职业道德，医生要遵守救死扶伤的职业道德，企业经营者要遵守诚实守信、公平竞争、合法经营的职业道德等。

具体来讲，职业道德的涵义主要包括以下八个方面：

（1）职业道德是一种职业规范，受社会普遍认可。

（2）职业道德是长期以来自然形成的。

（3）职业道德没有确定的形式，通常体现为观念、习惯、信念等。

（4）职业道德依靠文化、内心信念和习惯，通过职工的自律来实现。

（5）职业道德大多没有实质的约束力和强制力。

（6）职业道德的主要内容是对职业人员义务的要求。

（7）职业道德标准多元化，代表了不同企业可能具有不同的价值观。

（8）职业道德承载着企业文化和凝聚力，影响深远。

2. 职业道德的基本特征

职业道德是从业人员在一定的职业活动中应遵循的、具有自身职业特征的道德要求和行为规范。职业道德具有以下几个特点：

（1）普遍性。从业者应当共同遵守基本职业道德行为规范，且在全世界的所有职业者都有着基本相同的职业道德规范。

（2）行业性。职业道德具有适用范围的有限性，每种职业都担负着一定的职业责任和职业义务，由于各种职业的职业责任和义务不同，从而形成各自特定的职业道德的具体规范。职业道德的内容与职业实践活动紧密相连，反映着特定职业活动对从业人员行为的道德要求。

（3）继承性。职业道德具有发展的历史继承性，由于职业具有不断发展和世代延续的特征，不仅其技术世代延续，其管理员工的方法、与服务对象打交道的方式，也有一定历史继承性。在长期实践过程中形成的职业道德内容，会被作为经验和传统继承下来，如"有教无类""学而不厌，诲人不倦"，从古至今都是教师的职业道德。

（4）实践性。一个从业者的职业道德知识、情感、意志、信念、觉悟、良心等都必须通过职业的实践活动，在自己的行为中表现出来，并且接受行业职业道德的评价和自我评价。

（5）多样性。职业道德表达形式多种多样，不同的行业和不同的职业，有不同的职业道德标准，且表现形式灵活。职业道德的表现形式总是从本职业的交流活动实际出发，采用诸如制度、守则、公约、承诺、誓言、条例等形式，以至标语口号之类来加以体现，既易于为从业人员所接受和实行，而且便于形成一种职业的道德习惯。

（6）自律性。从业者通过对职业道德的学习和实践，逐渐培养成较为稳固的职业道德品质，良好的职业道德形成以后，又会在工作中逐渐形成行为上的条件反射，自觉地选择有利于社会、有利于集体的行为，这种自觉就是通过自我内心职业道德意识、觉悟、信念、意志、良心的主观约束控制来实现的。

（7）他律性。道德行为具有受舆论影响的特征，在职业生涯中，从业人员随时都受到所从事职业领域的职业道德舆论的影响。实践证明，创造良好的职业道德社会氛围、职业环境，并通过职业道德舆论的宣传、监督，可以有效地促进人们自觉遵守职业道德，并实现互相监督，共同提升道德境界。

3. 职业道德的主要作用

在现代社会里，人人都是服务对象，人人又都为他人服务。社会对人的关心、社会的安宁和人们之间关系的和谐，是同各个岗位上的服务态度、服务质量密切相关的。在构建和谐社会的新形势下，大力加强社会主义职业道德建设，具有十分重要的作用。

（1）加强职业道德是提高职业人员责任心的重要途径

职业道德要求把个人理想同各行各业、各个单位的发展目标结合起来，同个人的岗位职责结合起来，以增强员工的职业观念、职业事业心和职业责任感。职业道德要求员工在本职工作中不怕艰苦，勤奋工作，既讲团结协作，又争个人贡献，既讲经济效益，又讲社会效益。加强职业道德要求紧密联系本行业本单位的实际，有针对性地解决存在的问题。

（2）加强职业道德是促进企业和谐发展的迫切要求

职业道德的基本职能是调节职能，一方面可以调节从业人员内部的关系，即运用职业道德规范约束职业内部人员的行为，促进职业内部人员的团结与合作，加强职业、行业内部人员的凝聚力；另一方面，职业道德又可以调节从业人员与服务对象之间的关系，用来塑造本职业从业人员的社会形象。

企业是具有社会性的经济组织，在企业内部存在着各种复杂的关系，这些关系既有相互协调的一面，也有矛盾冲突的一面，如果解决不好，将会影响企业的凝聚力。这就要求企业所有的员工具有较高的职业道德觉悟，从大局出发，光明磊落、相互谅解、相互宽容、相互信赖、同舟共济，而不能意气用事、互相拆台。企业内部上下级之间、部门之间、员工之间团结协作，使企业真正成为一个具有社会主义精神风貌的和谐集体。

（3）加强职业道德是提高企业竞争力的必要措施

当前市场竞争激烈，各行各业都讲经济效益，要求企业的经营者在竞争中不断开拓创新。但行业之间为了自身的利益，会产生很多新的矛盾，形成自我力量的抵消，使一些企业的经营者在竞争中单纯追求利润、产值，不求质量，或者以次充好、以假乱真，不顾社会效益，损害国家、人民和消费者的利益，企业得到只能是短暂的收益，失去的是消费者的信任，也就失去了生存和发展的源泉，难以在竞争的激流中屹立不倒。在企业中加强职业道德使得企业在追求自身利润的同时，又能创造好的社会效益，从而提升企业形象，赢得持久而稳定的市场份额；同时，也使企业内部员工之间相互尊重、相互信任、相互合作，从而提高企业凝聚力，企业方能在竞争中稳步发展。

（4）加强职业道德是个人健康发展的基本保障

市场经济对于职业道德建设有其积极一面，也有消极的一面，它的自发性、自由性、注重经济效益的特性，诱惑一些人"一切向钱看"，唯利是图，不择手段追求经济效益，从而走入歧途，断送前程。提高从业人员的道德素质，树立职业理想，增强职业责任感，形成良好的职业行为，抵抗物欲诱惑，不被利欲所熏心，才能脚踏实地在本行业中追求进步。在社会主义市场经济条件下，只有具备职业道德精神的从业人员，才能在社会中站稳脚跟，成为社会的栋梁之材，在为社会创造效益的同时，也保障了自身的健康发展。

（5）加强职业道德提高全社会道德水平的重要手段

职业道德是整个社会道德的主要内容，它一方面涉及每个从业者如何对待职业，如何对待工作，同时也是一个从业人员的生活态度、价值观念的表现，是一个人的道德意识和道德行为发展到成熟阶段的体现，具有较强的稳定性和连续性。另一方面，职业道德也是一个职业集体甚至一个行业全体人员的行为表现，如果每个行业、每个职业集体都具备优良的道德，那么对整个社会道德水平的提高就会发挥重要作用。

第三节　建设行业职业道德建设

1. 加强职业道德建设，践行社会主义核心价值观

"国无德不兴，人无德不立。"习近平总书记指出："核心价值观，其实就是一种德，既是个人的德，也是一种大德，就是国家的德、社会的德。"因此，"必须加强全社会的思想道德建设，激发人们形成善良的道德意愿、道德情感，培育正确的道德判断和道德责任，提高道德实践能力尤其是自觉践行能力，引导人们向往和追求讲道德、尊道德、守道德的生活，形成向上的力量、向善的力量。"培育社会主义核心价值观，首先要培植一种有益于国家、社会、他人的道德。

党的十八大提出，倡导富强、民主、文明、和谐，倡导自由、平等、公正、法治，倡导爱国、敬业、诚信、友善，积极培

育和践行社会主义核心价值观。富强、民主、文明、和谐是国家层面的价值目标,自由、平等、公正、法治是社会层面的价值取向,爱国、敬业、诚信、友善是公民个人层面的价值准则,"富强、民主、文明、和谐;自由、平等、公正、法治;爱国、敬业、诚信、友善",这24个字是社会主义核心价值观的基本内容。践行社会主义核心价值观对于道德建设具有重要的指导意义,而加强道德建设又对践行社会主义核心价值观发挥着基础性作用,二者互有联系,相辅相成。

建设行业是社会主义现代化建设中的一个十分重要的行业。工厂、住宅、学校、商店、医院、体育场馆、文化娱乐设施等等的建设,都离不开建设行为,它以满足人民群众日益增长的物质文化生活需要为出发点。建设行业职业道德是社会主义核心价值观、社会主义道德规范,在建设行业的具体体现。

2. 结合建设行业特点和现实,加强职业道德建设

(1)职业道德建设的行业特点

以建设行业中建筑为例,专业多、岗位多、从业人员多且普遍文化程度较低、综合素质相对不高;条件艰苦,任务繁重,露天作业、高空作业,常年日晒雨淋,生产生活场所条件艰苦,安全设施落后和不足,作业存在安全隐患,安全事故频发;施工涉及面大,人员流动性强,四海为家,四处奔波,难以接受长期定点的培训教育;工种之间联系紧密,各专业、各工种、各岗位前后延续共同完成工程的建设;具有较强的社会性,一座建筑物,凝聚了多方面的努力,体现了其社会价值和经济价值。同时,随着国民经济的发展,建筑行业地位和作用也越来越重要,行业发展关乎国计民生。因此,对从业人员开展及时地、各类形式灵活多样的教育培训,提高道德素质、文化水平、专业知识和职业技能;结合行业特点,加强团结协作教育、服务意识教育和职业道德教育,一切为了社会广大人民和子孙后代的利益,坚持社会主义、集体主义原则,严谨务实,艰苦奋斗、多出精品优质工程,体现其社会价值和经济价值尤为重要。

（2）职业道德建设的行业现实

一个建筑物的诞生或一项工程的竣工需要有良好的设计、周密的施工、合格的建筑材料和严格的检验与监督。近几年来，出现设计结构不合理、计算偏差，不考虑相关因素，埋下重大隐患；施工过程中秩序混乱；建筑材料伪劣产品层出不穷；金钱、人情关系扰乱工程安全质量监督，质量安全事故屡见不鲜。作为百年大计的工程建设产品，如果质量差，损失和危害将无法估量。例如5·12汶川地震中某些倒塌的问题房屋，杭州地铁坍塌，上海、石家庄在建楼房倒楼事件等。造成这些问题的因素很多，但是道德因素是其中最重要的因素之一。再如，面对激烈的市场竞争，一些建筑企业为了拿到工程项目，使用各种手段，其中手段之一就是盲目压价，用根本无法完成工程的价格去投标。中标后就在设计、施工、材料等方面做文章，启用非法设计人员搞黑设计；施工中偷工减料；材料上买低价伪劣产品，最终，使建筑物的"百年大计"大大打了折扣。因此，大力加强建设行业职业道德建设，营造市场经济良好环境，经济效益和社会效益并重尤为紧迫。

3. 建设行业职业道德要求

根据住房和城乡建设部发布的《建筑业从业人员职业道德规范（试行）》，对建筑从业人员共同职业道德规范要求如下：

（1）热爱事业，尽职尽责

热爱建筑事业，安心本职干作，树立职业责任感和荣誉感，发扬主人翁精神，尽职尽责，在生产中不怕苦，勤勤恳恳，努力完成任务。

（2）努力学习，苦练硬功

努力学文化，学知识，刻苦钻研技术，熟练掌握本工种的基本技能，练就一身过硬本领。努力学习和运用先进的施工方法，钻研建筑新技术、新工艺、新材料。

（3）精心施工，确保质量

树立"百年大计、质量第一"的思想，按设计图纸和技术规范精心操作，确保工程质量，用优良的成绩树立工人形象。

（4）安全生产，文明施工

树立安全生产意识，严格安全操作规程，杜绝一切违章作业现象，确保安全生产无事故。维护施工现场整洁，在争创安全文明标准化现场管理中做出贡献。

（5）节约材料，降低成本

发扬勤俭节约优良传统，在操作中珍惜一砖一木，合理使用材料，认真做好落手清、现场清，及时回收材料，努力降低工程成本。

（6）遵章守纪，维护公德

要争做文明员工，模范遵守各项规章制度，发扬团结互助精神，尽力为其他工种提供方便。

4. 特种作业人员职业道德核心内容

（1）安全第一

坚持"生产必须安全，安全为了生产"的意识。严格遵守操作规程。操作人员要强化安全意识，认真执行安全生产的法律、法规、标准和规范，严格执行操作规程和程序，杜绝一切违章作业，不野蛮施工，不乱堆乱扔。

（2）诚实守信

诚实守信作为社会主义职业道德的基本规范，是和谐社会发展的必然要求，它不仅是建设领域职工安身立命的基础，也是企业赖以生存和发展的基石。操作人员要言行一致，表里如一，真实无欺，相互信任，遵守诺言，忠实地履行自己应当承担的责任和义务。

（3）爱岗敬业

爱岗就是热爱自己的工作岗位，敬业就是要用一种恭敬严肃的态度对待自己的工作。操作人员应当热爱本职工作，不怕苦、不怕累，认真负责，集中精力，精心操作，密切配合其他工种施工，确保工程质量，使工程如期完成。这是社会对每个从业者的要求，更应当是每个从业者对自己的自觉约束。

（4）钻研技术

操作人员要努力学习科学文化知识，刻苦钻研专业技术，苦练硬功，扎实工作，熟练掌握本工作的基本技能，努力学习和运用先进的施工方法，精通本岗位业务，不断提高业务能力。

（5）保护环境

文明操作，防止损坏他人和国家财产。讲究施工环境优美，做到优质、高效、低耗。做到不乱排污水，不乱倒垃圾，不影响交通，不扰民施工。

第二章　建筑施工特种作业人员和管理

第一节　建筑施工特种作业

1. 建筑施工特种作业概念

建筑施工特种作业人员是指在房屋建筑和市政工程施工活动中，从事对本人、他人的生命健康及周围设施的安全可能造成重大危害的作业人员。

特种作业有着不同的危险因素，《中华人民共和国安全生产法》规定：生产经营单位的特种作业人员必须按照国家有关规定经专门的安全作业培训，取得相应资格，方可上岗作业。

2. 建筑施工特种作业工种

（1）住房和城乡建设部《建筑施工特种作业人员管理规定》（建质〔2008〕75号）所确定的建筑施工特种作业包括：

1）建筑电工。

2）建筑架子工。

3）建筑起重信号司索工。

4）建筑起重机械司机。

5）建筑起重机械安装拆卸工。

6）高处作业吊篮安装拆卸工。

7）经省级以上人民政府建设主管部门认定的其他特种作业。

（2）《江苏省建筑施工特种作业人员管理暂行办法》（苏建管质〔2009〕5号），规定了江苏省的建筑施工特种作业包括：

1）建筑电工。

2）建筑架子工。

3）建筑起重信号司索工。

4）建筑起重机械司机。

5）建筑起重机械安装拆卸工。

6）高处作业吊篮安装拆卸工。

7）建筑焊工。

8）建筑施工机械安装质量检验工。

9）桩机操作工。

10）建筑混凝土泵操作工。

11）建筑施工现场场内机动车司机。

12）其他特种作业人员。

目前，江苏省又将"建筑施工现场场内机动车司机"细分为："建筑施工现场场内叉车司机""建筑施工现场场内装载机司机""建筑施工现场场内翻斗车司机""建筑施工现场场内推土机司机""建筑施工现场场内挖掘机司机""建筑施工现场场内压路机司机""建筑施工现场场内平地机司机""建筑施工现场场内沥青混凝土摊铺机司机"等。

第二节　建筑施工特种作业人员

按照住房和城乡建设部与江苏省建设行政主管部门的规定，从事建筑施工特种作业的人员应当取得建筑施工特种作业人员操作资格证书，方可上岗从事相应作业。

1. 年龄及身体要求

年满 18 周岁且符合相应特种作业规定的年龄要求。

近 3 个月内经二级乙等以上医院体检合格且无听觉障碍、无色盲，无妨碍从事本工种的疾病（如癫痫病、高血压、心脏病、眩晕症、精神病和突发性昏厥症等）和生理缺陷。

2. 学历要求

初中及以上学历。其中，报考建筑起重机械安装质量检测工（塔式起重机、施工升降机）的人员，应符合下列条件之一：

（1）具有工程机械（建筑机械）类、电气类大专以上学历或工程机械（建筑机械）类、电气类、安全工程类助理工程师任职资格，并从事起重机设计、制造、安装调试、维修、操作、检验工作2年及以上。

（2）具有工程机械（建筑机械）类、电气类中专、理工科（非起重专业）大专以上学历或工程机械（建筑机械）类、电气类、安全工程类技术员任职资格，并从事起重机设计、制造、安装调试、维修、操作、检验工作3年及以上。

（3）具有高中学历并从事起重机设计、制造、安装调试、维修、操作、检验工作5年及以上。

3. 考核要求

（1）报名

全省建筑施工特种作业人员考核、发证及管理系统集成在"江苏省建筑业监管信息平台2.0"上。建筑施工企业人员可由企业统一组织通过监管信息平台直接报名，非建筑施工企业人员向所在地考核基地报名，填报相应工种，经市县建设（筑）主管部门资格审查合格后，到经省建设行政主管部门认定的建筑施工特种作业考核基地，进行培训后参加考核。

凡申请考核、延期复核、换证的人员均须进行二代身份证信息和指脉信息采集。采集入库的二代身份证和指脉信息，将作为今后个人进行考核、延期复核、换证、查验的依据，如信息不吻合，将影响上述有关事项的办理。

企业可自行采集本企业申报人员二代身份证信息、指脉信息须由申报人员至考核基地进行现场采集。

（2）考核

建筑施工特种作业人员考核包括安全技术理论和安全操作技能。

考核内容分掌握、熟悉、了解三类。其中掌握即要求能运用相关特种作业知识解决实际问题；熟悉即要求能较深理解相关特种作业安全技术知识；了解即要求具有相关特种作业的基本知识。

（3）考核办法

1）安全技术理论考核。采用无纸化网络闭卷考试方式，考试时间为 2 小时，实行百分制，60 分为合格。其中，安全生产基本知识占 25%、专业基础知识占 25%、专业技术理论占 50%。

2）安全操作技能考核。采用实际操作（或模拟操作）、口试等方式，考核实行百分制，70 分为合格。

3）参考人员在安全技术理论考核合格后，方可参加实际操作技能考核。同一工种的实操考核时间不得早于理论考核时间，在实际操作技能考核合格后，可以取得相应的建筑施工特种作业人员操作资格。

4. 发证

（1）按照住房和城乡建设部《建筑施工特种作业人员管理规定》（建质〔2008〕75 号）的规定，考核发证机关对于考核合格的，应当自考核结果公布之日起 10 个工作日内颁发资格证书。资格证书采用国务院建设主管部门统一规定的式样，由考核发证机关编号后签发。资格证书在全国通用。

（2）江苏省建设行政主管部门从 2017 年下半年开始，试行发放"电子证书"。此项工作得到了住房和城乡建设部的同意。2017 年 10 月 18 日，江苏省政务服务管理办公室与省住房和城乡建设厅联合发文《关于启用住房城乡建设领域从业人员考核合格电子证书使用的有关通知》（省政务办发〔2017〕66 号），文件规定从 2017 年 12 月 1 日起，全面启用电子证书，停发同名纸质证书。根据《中华人民共和国电子签名法》规定，可靠的电子证书具备与同名纸质证书相同效力。省住房城乡建设厅核发的电子证书，各地在公共资源交易、资质核准予以认可。

（3）电子证书式样（图 2-1）

图 2-1　电子证书的样式

第三节　建筑施工特种作业人员的权利

1. 获得劳动安全卫生的保护权利

建筑施工特种作业人员有获得用人单位提供符合国家规定的劳动安全卫生条件和必要的劳动防护用品的权利；并且有要求按照规定获得职业病健康体检、职业病诊疗、康复等职业病防治服务的权利。

2. 对安全生产状况的知情、参与和建议的权利

建筑施工特种作业人员有获得所从事的特种作业，可能面临的任何潜在危险、职业危害，安全与健康可能造成的后果的权利；有参与判别和解决所面临的劳动安全卫生问题的权利；有对本单位的安全生产和劳动安全卫生工作建议的权利。

3. 接受职业技能教育培训的权利

建筑施工特种作业人员有接受职业技能教育和安全生产知识培训的权利，以获得对工作环境、生产过程、机械设备和危险物质等方面的有关安全卫生知识。

4. 拒绝违章指挥和强令冒险作业的权利

建筑施工特种作业人员在单位领导或者有关工程技术人员违章指挥，或者在明知存在危险因素而没有采取安全保护措施，强迫命令操作人员作业时，有拒绝工作的权利。

5. 危险状态下的紧急避险权利

在生产劳动过程中，当发现危及作业人员生命安全的情况时，作业人员有权停止工作或者撤离现场。

6. 安全生产活动的监督与批评、检举、控告和申诉的权利

建筑施工特种作业人员对用人单位遵守劳动安全卫生法律法规和标准，履行保护工人安全健康的责任的情况，有监督的权利。对用人单位违反劳动安全卫生法律法规和标准，不履行其责任的情况，作业人员有批评、检举和控告的权利。在劳动保护等方面受到用人单位不公正待遇时，作业人员有权向有关部门提出申诉的权利。

对作业人员的检举、控告和申诉，建设行政主管部门和其他有关部门应当查清事实，认真处理，不得压制和打击报复。

用人单位不得因作业人员对本单位安全生产工作提出批评、检举、控告或者拒绝违章指挥、强令冒险作业及向有关部门提出申诉而降低其工资、福利等待遇或者解除与其订立的劳动合同。

7. 依法获得工伤保险的权利

生产经营单位必须依法参加工伤社会保险，为从业人员缴纳保险费。建筑施工企业必须为从事危险作业的职工办理意外伤害保险，支付保险费。当作业人员发生工伤事故时，依法获得相关保险的权利。

第四节　建筑施工特种作业人员的义务

1. 遵守有关安全生产的法律、法规和规章的义务

建筑施工特种作业人员在施工活动中，应当遵守有关安全生产的法律、法规和规章。遵守建筑施工安全强制性标准和用人单位的规章制度，严格按照操作规程操作，做到不违规作业，不违章作业。

2. 提高职业技能和安全生产操作水平的义务

建筑施工特种作业人员面对建筑施工活动中的复杂性和多样性，要不断提高职业技能水平。在未上岗之前应参加岗前技能培训和安全生产操作能力的培训，掌握安全操作知识和技能，取得相应合格证书后方可上岗工作。已在工作岗位上的人员，还必须经常性地参加有关教育培训，熟练掌握本工种的各项安全操作技能，不断提高职业技能和安全生产操作水平。

3. 遵守劳动纪律的义务

建筑施工特种作业人员应严格遵守用人单位的劳动纪律。劳动纪律是用人单位为形成和维持生产经营秩序，保证劳动合同得以履行，要求全体员工在集体劳动、工作、生活过程中，以及与劳动、工作紧密相关的其他过程中必须共同遵守的规则。

4. 发现事故隐患和其他不安全因素，立即报告的义务

建筑施工特种作业人员在施工现场直接承担具体的作业活动，更容易发现事故隐患或者其他不安全因素，一旦发现事故隐患或者其他不安全因素，作业人员应当立即向现场安全生产管理人员或者本单位负责人报告，不得隐瞒不报或者拖延报告。如果作业人员发现所报告的事故隐患或者其他不安全因素得不到解决，作业人员也可以越级上报。

5. 完成生产任务的义务

建筑施工特种作业人员完成合理的生产任务是应尽的义务，也是取得劳动报酬的基本条件。作业人员在完成合理生产任务的前提下，还应该保证质量，争做生产劳动的积极分子，为企业经济效益、为社会财富的积累、为国家的发展做出自己应有的贡献。

第五节　建筑施工特种作业人员的管理

根据住房和城乡建设部的规定，省、自治区、直辖市人民政府建设主管部门或者其委托的考核机构负责本行政区域内建筑施工特种作业人员的考核工作。

1. 建设行政主管部门的管理职责

（1）省建设行政主管部门的管理职责

1）负责全省范围内建筑施工特种作业人员的考核监督管理工作。

2）研究制定特种作业人员执业资格考核标准、考核大纲，建立相应工种的试题库。

3）认证特种作业人员执业资格考核基地。

4）负责特种作业人员执业资格考核工作的师资教育培训，监督管理考核考务工作。

5）负责特种作业人员执业证书的颁发和管理。

6）负责特种作业人员统计信息工作。

7）其他监督管理工作。

（2）受委托的市、县建设（筑）主管部门的管理职责

1）负责本行政区域内特种作业人员的监督管理工作，制定本地区特种作业人员考核发证管理制度，建立本地区特种作业人员档案。

2）负责考核基地的初审和考评人员的日常管理。

3）负责特种作业人员考核工作的组织实施。

4）负责特种作业人员考核、延期复核、换证的市、县分级审核。

5）负责特种作业人员执业继续教育。

6）负责特种作业人员的统计信息工作。

7）监督检查特种作业人员的从业活动，查处违章行为并记录在档。

8）其他监督管理工作。

2. 用人单位的管理职责

（1）用人单位对于首次取得执业资格证书的人员，应当在其正式上岗前安排不少于 3 个月的实习操作。实习操作期间，用人单位应当指定专人指导和监督作业。实习操作期满经用人单位考核合格方可独立作业。（所指定的专人应当从已取得相应特种作业资格证书、从事相关工作 3 年以上、无不良记录的熟练工中选取。）

（2）与持有效执业资格证书的特种作业人员订立劳动合同。

（3）制定并落实本单位特种作业安全操作规程和安全管理制度。

（4）书面告知特种作业人员违章操作的危害。

（5）向特种作业人员提供齐全、合格的安全防护用品和安全的作业条件。

（6）组织或者委托有能力的培训机构对本单位特种作业人员进行年度安全生产教育培训或者继续教育，时间不少于 24 小时。

（7）建立本单位特种作业人员管理档案。

（8）查处特种作业人员违章行为并记录在档。

（9）法律法规及有关规定明确的其他职责。

3. 特种作业人员应履行的职责

（1）严格遵守国家有关安全生产规定和本单位的规章制度，按照安全技术标准、规范和规程进行作业。

（2）正确佩戴和使用安全防护用品，并按规定对作业工具和设备进行维护保养。

（3）在施工中发生危及人身安全的紧急情况时，有权立即停止作业或者撤离危险区域，并向施工现场专职安全生产管理人员和项目负责人报告。

（4）自觉参加年度安全教育培训或者继续教育，每年不得少于 24 小时。

（5）拒绝违章指挥，并制止他人违章作业。

（6）法律法规及有关规定明确的其他职责。

4. 特种作业人员资格证书的延期

建筑施工特种作业人员执业资格证书有效期为 2 年。有效期满需要延期的，持证人员本人应当在期满前 3 个月内，向原市县考核受理机关提出申请，市县建设行政主管部门初审后，向省建设行政主管部门申请办理延期复核相关手续。延期复核合格的，证书有效期延期 2 年。

（1）特种作业人员申请资格证书延期复核，应当提交下列材料

1）延期复核申请表。

2）身份证（原件和复印件）。

3）近 3 个月内由二级乙等以上医院出具的体检合格证明。

4）年度安全教育培训证明和继续教育证明。

5）用人单位出具的特种作业人员管理档案记录。

6）规定提交的其他资料。

（2）特种作业人员在资格证书有效期内，有下列情形之一的，延期复核结果为不合格

1）超过相关工种规定年龄要求的。

2）身体健康状况不再适应相应特种作业岗位的。

3）对生产安全事故负有直接责任的。

4）2 年内违章操作记录达 3 次（含 3 次）以上的。

5）未按规定参加年度安全教育培训或者继续教育的。

6）规定的其他情形。

（3）市县建设（筑）行政主管部门在接到特种作业人员提交的延期复核申请后，应当根据下列情况分别作出处理：

1）对于不符合延期复核申请相关情形的，市县建设（筑）主管部门自收到延期复核资料之日起 5 个工作日内作出不予延期决定，并说明理由。

2）对于提交资料齐全且符合延期复审申请相关情形的，省建筑主管部门自收到市县建设（筑）主管部门延期复核相关手续之日起 10 个工作日内办理准予延期复核手续。

（4）省建筑主管部门应当在资格证书有效期满前按相关规定作出决定，逾期未作出决定的，视为延期复核合格。

5. 特种作业人员资格证书的撤销与注销

（1）省建筑主管部门对有下列情形之一的，应当撤销资格证书

1）持证人弄虚作假骗取资格证书或者办理延期手续的。

2）工作人员违法核发资格证书的。

3）持证人员因安全生产责任事故承担刑事责任的。

4）规定应当撤销的其他情形。

（2）省建筑主管部门对有下列情形之一的，应当注销资格证书

1）按规定不予延期的。

2）持证人逾期未申请办理延期复核手续的。

3）持证人死亡或者不具有完全民事行为能力的。

4）本人提出要求的。

5）规定应当注销的其他情形。

6. 特种作业人员管理的其他要求

（1）持有特种作业资格证书的执业人员，应当受聘于建筑施工企业或者建筑起重机械出租单位（以下简称用人单位），方可从事相应的特种作业。

（2）任何单位和个人不得非法涂改、倒卖、出租、出借或者以其他形式转让资格证书。

（3）特种作业人员变动工作单位，任何单位和个人不得以任何理由非法扣押其执业资格证书。

（4）各地应当建立举报制度，公开举报电话或者电子信箱，受理有关特种作业人员考核、发证以及延期复核的举报。对受理的举报，有关机关和工作人员应当及时妥善处理。

第三章 建筑施工安全生产相关法规及管理制度

第一节 建筑安全生产相关法律主要内容

《中华人民共和国宪法》规定：国家通过各种途径，创造劳动就业条件，加强劳动保护，改善劳动条件，并在发展生产的基础上，提高劳动报酬和福利待遇。

劳动是一切有劳动能力的公民的光荣职责。国有企业和城乡集体经济组织的劳动者都应当以国家主人翁的态度对待自己的劳动。国家提倡社会主义劳动竞赛，奖励劳动模范和先进工作者。

1.《中华人民共和国建筑法》相关内容

（1）建筑活动应当确保建筑工程质量和安全，符合国家的建筑工程安全标准。

（2）从事建筑活动应当遵守法律、法规，不得损害社会公共利益和他人的合法权益。

（3）建筑工程安全生产管理必须坚持安全第一、预防为主的方针，建立健全安全生产的责任制度和群防群治制度。

（4）建筑施工企业应当在施工现场采取维护安全、防范危险、预防火灾等措施；有条件的，应当对施工现场实行封闭管理。

施工现场对毗邻的建筑物、构筑物和特殊作业环境可能造成损害的，建筑施工企业应当采取安全防护措施。

（5）建筑施工企业应当遵守有关环境保护和安全生产的法律、法规的规定，采取控制和处理施工现场的各种粉尘、废气、废水、固体废物以及噪声、振动对环境的污染和危害的措施。

（6）建筑施工企业必须依法加强对建筑安全生产的管理，执行安全生产责任制度，采取有效措施，防止伤亡和其他安全生产事故的发生。

建筑施工企业的法定代表人对本企业的安全生产负责。

（7）施工现场安全由建筑施工企业负责。实行施工总承包的，由总承包单位负责。分包单位向总承包单位负责，服从总承包单位对施工现场的安全生产管理。

（8）建筑施工企业应当建立健全劳动安全生产教育培训制度，加强对职工安全生产的教育培训；未经安全生产教育培训的人员，不得上岗作业。

（9）建筑施工企业和作业人员在施工过程中，应当遵守有关安全生产的法律、法规和建筑行业安全规章、规程，不得违章指挥或者违章作业。作业人员有权对影响人身健康的作业程序和作业条件提出改进意见，有权获得安全生产所需的防护用品。作业人员对危及生命安全和人身健康的行为有权提出批评、检举和控告。

（10）建筑施工企业必须为从事危险作业的职工办理意外伤害保险，支付保险费。

（11）施工中发生事故时，建筑施工企业应当采取紧急措施减少人员伤亡和事故损失，并按照国家有关规定及时向有关部门报告。

2.《中华人民共和国安全生产法》相关内容

（1）生产经营单位必须遵守本法和其他有关安全生产的法律、法规，加强安全生产管理，建立、健全安全生产责任制和安全生产规章 制度，改善安全生产条件，推进安全生产标准化建设，提高安全生产水平，确保安全生产。

（2）有关协会组织依照法律、行政法规和章程，为生产经营单位提供安全生产方面的信息、培训等服务，发挥自律作用，促进生产经营单位加强安全生产管理。

（3）国家实行生产安全事故责任追究制度，依照本法和有关法律、法规的规定，追究生产安全事故责任人员的法律责任。

（4）生产经营单位应当对从业人员进行安全生产教育和培训，保证从业人员具备必要的安全生产知识，熟悉有关的安全生产规章制度和安全操作规程，掌握本岗位的安全操作技能，了解事故应急处理措施，知悉自身在安全生产方面的权利和义务。未经安全生产教育和培训合格的从业人员，不得上岗作业。

（5）生产经营单位的特种作业人员必须按照国家有关规定经专门的安全作业培训，取得相应资格，方可上岗作业。

（6）生产经营单位应当建立健全生产安全事故隐患排查治理制度，采取技术、管理措施，及时发现并消除事故隐患。事故隐患排查治理情况应当如实记录，并向从业人员通报。

（7）承担安全评价、认证、检测、检验的机构应当具备国家规定的资质条件，并对其作出的安全评价、认证、检测、检验的结果负责。

（8）负有安全生产监督管理职责的部门应当建立举报制度，公开举报电话、信箱或者电子邮件地址，受理有关安全生产的举报；受理的举报事项经调查核实后，应当形成书面材料；需要落实整改措施的，报经有关负责人签字并督促落实。

（9）任何单位或者个人对事故隐患或者安全生产违法行为，均有权向负有安全生产监督管理职责的部门报告或者举报。

（10）新闻、出版、广播、电影、电视等单位有进行安全生产宣传教育的义务，有对违反安全生产法律、法规的行为进行舆论监督的权利。

3.《中华人民共和国特种设备安全法》相关内容

（1）特种设备生产、经营、使用单位应当遵守本法和其他有关法律、法规，建立、健全特种设备安全和节能责任制度，加强特种设备安全和节能管理，确保特种设备生产、经营、使用安全，符合节能要求。

（2）任何单位和个人有权向负责特种设备安全监督管理的部门和有关部门举报涉及特种设备安全的违法行为，接到举报的部门应当及时处理。

（3）特种设备生产、经营、使用单位及其主要负责人对其生产、经营、使用的特种设备安全负责。

特种设备生产、经营、使用单位应当按照国家有关规定配备特种设备安全管理人员、检测人员和作业人员，并对其进行必要的安全教育和技能培训。

（4）特种设备安全管理人员、检测人员和作业人员应当按照国家有关规定取得相应资格，方可从事相关工作。特种设备安全管理人员、检测人员和作业人员应当严格执行安全技术规范和管理制度，保证特种设备安全。

（5）特种设备使用单位应当建立岗位责任、隐患治理、应急救援等安全管理制度，制定操作规程，保证特种设备安全运行。

（6）特种设备使用单位应当建立特种设备安全技术档案。

安全技术档案应当包括以下内容：

1）特种设备的设计文件、产品质量合格证明、安装及使用维护保养说明、监督检验证明等相关技术资料和文件；

2）特种设备的定期检验和定期自行检查记录；

3）特种设备的日常使用状况记录；

4）特种设备及其附属仪器仪表的维护保养记录；

5）特种设备的运行故障和事故记录。

（7）特种设备的使用应当具有规定的安全距离、安全防护措施。

（8）特种设备使用单位应当对其使用的特种设备进行经常性维护保养和定期自行检查，并作出记录。

特种设备使用单位应当对其使用的特种设备的安全附件、安全保护装置进行定期校验、检修，并作出记录。

（9）特种设备使用单位应当按照安全技术规范的要求，在检验合格有效期届满前一个月向特种设备检验机构提出定期检验要求。

特种设备检验机构接到定期检验要求后，应当按照安全技规范的要求及时进行安全性能检验。特种设备使用单位应当将定期检验标志置于该特种设备的显著位置。

未经定期检验或者检验不合格的特种设备，不得继续使用。

（10）特种设备安全管理人员应当对特种设备使用状况进行经常性检查，发现问题应当立即处理；情况紧急时，可以决定停止使用特种设备并及时报告本单位有关负责人。

特种设备作业人员在作业过程中发现事故隐患或者其他不安全因素，应当立即向特种设备安全管理人员和单位有关负责人报告；特种设备运行不正常时，特种设备作业人员应当按照操作规程采取有效措施保证安全。

（11）特种设备出现故障或者发生异常情况，特种设备使用单位应当对其进行全面检查，消除事故隐患，方可继续使用。

（12）负责特种设备安全监督管理的部门在依法履行监督检查职责时，可以行使下列职权：

1）进入现场进行检查，向特种设备生产、经营、使用单位和检验、检测机构的主要负责人和其他有关人员调查、了解有关情况；

2）根据举报或者取得的涉嫌违法证据，查阅、复制特种设备生产、经营、使用单位和检验、检测机构的有关合同、发票、账簿以及其他有关资料；

3）对有证据表明不符合安全技术规范要求或者存在严重事故隐患的特种设备实施查封、扣押；

4）对流入市场的达到报废条件或者已经报废的特种设备实施查封、扣押；

5）对违反本法规定的行为作出行政处罚决定。

（13）特种设备使用单位应当制定特种设备事故应急专项预案，并定期进行应急演练。

（14）特种设备发生事故后，事故发生单位应当按照应急预案采取措施，组织抢救，防止事故扩大，减少人员伤亡和财产损失，保护事故现场和有关证据，并及时向事故发生地县级以上人民政府负责特种设备安全监督管理的部门和有关部门报告。

与事故相关的单位和人员不得迟报、谎报或者瞒报事故情况，不得隐匿、毁灭有关证据或者故意破坏事故现场。

4.《中华人民共和国劳动合同法》相关内容

（1）用人单位自用工之日起即与劳动者建立劳动关系。用人单位应当建立职工名册备查。

（2）用人单位招用劳动者时，应当如实告知劳动者工作内容、工作条件、工作地点、职业危害、安全生产状况、劳动报酬，以及劳动者要求了解的其他情况；用人单位有权了解劳动者与劳动合同直接相关的基本情况，劳动者应当如实说明。

（3）用人单位招用劳动者，不得扣押劳动者的居民身份证和其他证件，不得要求劳动者提供担保或者以其他名义向劳动者收取财物。

（4）建立劳动关系，应当订立书面劳动合同。

已建立劳动关系，未同时订立书面劳动合同的，应当自用工之日起一个月内订立书面劳动合同。

用人单位与劳动者在用工前订立劳动合同的，劳动关系自用工之日起建立。

（5）劳动合同无效或者部分无效的情形：

1）以欺诈、胁迫的手段或者乘人之危，使对方在违背真实意思的情况下订立或者变更劳动合同的；

2）用人单位免除自己的法定责任、排除劳动者权利的；

3）违反法律、行政法规强制性规定的。

对劳动合同的无效或者部分无效有争议的，由劳动争议仲裁机构或者人民法院确认。

（6）用人单位应当按照劳动合同约定和国家规定，向劳动者及时足额支付劳动报酬。

用人单位拖欠或者未足额支付劳动报酬的，劳动者可以依法向当地人民法院申请支付令，人民法院应当依法发出支付令。

（7）用人单位应当严格执行劳动定额标准，不得强迫或者变相强迫劳动者加班。用人单位安排加班的，应当按照国家有关规定向劳动者支付加班费。

（8）劳动者拒绝用人单位管理人员违章指挥、强令冒险作业的，不视为违反劳动合同。

劳动者对危害生命安全和身体健康的劳动条件，有权对用人单位提出批评、检举和控告。

5.《中华人民共和国刑法》相关内容

（1）【重大责任事故罪】在生产、作业中违反有关安全管理的规定，因而发生重大伤亡事故或者造成其他严重后果的，处三年以下有期徒刑或者拘役；情节特别恶劣的，处三年以上七年以下有期徒刑。

（2）【强令违章冒险作业罪】强令他人违章冒险作业，因而发生重大伤亡事故或者造成其他严重后果的，处五年以下有期徒刑或者拘役；情节特别恶劣的，处五年以上有期徒刑。

（3）【重大劳动安全事故罪】安全生产设施或者安全生产条件不符合国家规定，因而发生重大伤亡事故或者造成其他严重后果的，对直接负责的主管人员和其他直接责任人员，处三年以下有期徒刑或者拘役；情节特别恶劣的，处三年以上七年以下有期徒刑。

（4）【工程重大安全事故罪】建设单位、设计单位、施工单位、工程监理单位违反国家规定，降低工程质量标准，造成重大安全事故的，对直接责任人员，处五年以下有期徒刑或者拘役，并处罚金；后果特别严重的，处五年以上十年以下有期徒刑，并处罚金。

（5）【消防责任事故罪】违反消防管理法规，经消防监督机构通知采取改正措施而拒绝执行，造成严重后果的，对直接责任人员，处三年以下有期徒刑或者拘役；后果特别严重的，处三年以上七年以下有期徒刑。

（6）【不报、谎报安全事故罪】在安全事故发生后，负有报告职责的人员不报或者谎报事故情况，贻误事故抢救，情节严重的，处三年以下有期徒刑或者拘役；情节特别严重的，处三年以上七年以下有期徒刑。

第二节　建筑安全生产相关法规主要内容

1. 《建设工程安全生产管理条例》

条例规定了施工单位的相关安全责任，包括：依法取得资质和承揽工程；建立健全安全生产制度和操作规程；保证本单位安全生产条件所需资金的投入；设立安全生产管理机构，配备专职安全生产管理人员；总承包单位对施工现场的安全生产负总责；总承包单位和分包单位对分包工程的安全生产承担连带责任；特种作业人员必须按照国家有关规定经过专门的安全作业培训，并取得特种作业操作资格证书；施工单位的施工组织设计及专项施工方案管理责任；建设工程施工安全技术交底责任；施工现场、办公、生活区安全文明管理责任；相邻建筑物及环保管理责任；施工现场防火管理责任；施工作业人员安全防护及劳保管理责任；施工机械管理责任；施工单位的主要负责人、项目负责人、专职安全生产管理人员任职管理责任；施工单位应当对管理人员和作业人员的安全生产教育培训管理责任；施工单位应当为施工现场从事危险作业的人员办理意外伤害保险等相关安全责任。

相关内容：

（1）垂直运输机械作业人员、安装拆卸工、爆破作业人员、起重信号工、登高架设作业人员等特种作业人员，必须按照国家有关规定经过专门的安全作业培训，并取得特种作业操作资格证书后，方可上岗作业。

（2）施工单位应当在施工现场入口处、施工起重机械、临时用电设施、脚手架、出入通道口、楼梯口、电梯井口、孔洞口、桥梁口、隧道口、基坑边沿、爆破物及有害危险气体和液体存放处等危险部位，设置明显的安全警示标志。安全警示标志必须符合国家标准。

施工单位应当根据不同施工阶段和周围环境及季节、气候的变化，在施工现场采取相应的安全施工措施。施工现场暂时停止施工的，施工单位应当做好现场防护，所需费用由责任方承担，或者按照合同约定执行。

（3）施工单位应当向作业人员提供安全防护用具和安全防护服装，并书面告知危险岗位的操作规程和违章操作的危害。

作业人员有权对施工现场的作业条件、作业程序和作业方式中存在的安全问题提出批评、检举和控告，有权拒绝违章指挥和强令冒险作业。

在施工中发生危及人身安全的紧急情况时，作业人员有权立即停止作业或者在采取必要的应急措施后撤离危险区域。

2.《生产安全事故报告和调查处理条例》

条例对事故报告、事故调查、事故等级及事故处理作出了规定。

相关内容：

（1）根据生产安全事故造成的人员伤亡或者直接经济损失，事故一般分为以下等级：

1）特别重大事故，是指造成30人（含30人）以上死亡，或者100人（含100人）以上重伤（包括急性工业中毒，下同），或者1亿元（含1亿元）以上直接经济损失的事故；

2）重大事故，是指造成10人（含10人）以上30人以下死亡，或者50人（含50人）以上100人以下重伤，或者5000万元（含5000万元）以上1亿元以下直接经济损失的事故；

3）较大事故，是指造成3人（含3人）以上10人以下死亡，或者10人（含10人）以上50人以下重伤，或者1000万元（含1000万元）以上5000万元以下直接经济损失的事故；

4）一般事故，是指造成3人以下死亡，或者10人以下重伤，或者1000万元以下直接经济损失的事故。

（2）事故发生后，事故现场有关人员应当立即向本单位负责人报告；单位负责人接到报告后，应当于1小时内向事故发生地县级以上人民政府安全生产监督管理部门和负有安全生产监督管理职责的有关部门报告。

情况紧急时，事故现场有关人员可以直接向事故发生地县级以上人民政府安全生产监督管理部门和负有安全生产监督管理职责的有关部门报告。

（3）事故调查组有权向有关单位和个人了解与事故有关的情况，并要求其提供相关文件、资料，有关单位和个人不得拒绝。

事故发生单位的负责人和有关人员在事故调查期间不得擅离职守，并应当随时接受事故调查组的询问，如实提供有关情况。

事故调查中发现涉嫌犯罪的，事故调查组应当及时将有关材料或者其复印件移交司法机关处理。

3.《特种设备安全监察条例》

（1）特种设备生产、使用单位应当建立健全特种设备安全、节能管理制度和岗位安全、节能责任制度。

特种设备生产、使用单位的主要负责人应当对本单位特种设备的安全和节能全面负责。

特种设备生产、使用单位和特种设备检验检测机构，应当接受特种设备安全监督管理部门依法进行的特种设备安全监察。

（2）特种设备出现故障或者发生异常情况，使用单位应当对其进行全面检查，消除事故隐患后，方可重新投入使用。

（3）特种设备使用单位应当对特种设备作业人员进行特种设备安全、节能教育和培训，保证特种设备作业人员具备必要的特种设备安全、节能知识。

特种设备作业人员在作业中应当严格执行特种设备的操作规程和有关的安全规章制度。

（4）特种设备作业人员在作业过程中发现事故隐患或者其他不安全因素，应当立即向现场安全管理人员和单位有关负责人报告。

第三节　建筑安全生产相关规章及规范性文件主要内容

1.《建筑起重机械安全监督管理规定》

（1）使用单位应当履行下列安全职责：

1）根据不同施工阶段、周围环境以及季节、气候的变化，对建筑起重机械采取相应的安全防护措施；

2）制定建筑起重机械生产安全事故应急救援预案；

3）在建筑起重机械活动范围内设置明显的安全警示标志，对集中作业区做好安全防护；

4）设置相应的设备管理机构或者配备专职的设备管理人员；

5）指定专职设备管理人员、专职安全生产管理人员进行现场监督检查；

6）建筑起重机械出现故障或者发生异常情况的，立即停止使用，消除故障和事故隐患后，方可重新投入使用。

（2）使用单位应当对在用的建筑起重机械及其安全保护装置、吊具、索具等进行经常性和定期的检查、维护和保养，并做好记录。

（3）禁止擅自在建筑起重机械上安装非原制造厂制造的标准节和附着装置。

（4）建筑起重机械特种作业人员应当遵守建筑起重机械安全操作规程和安全管理制度，在作业中有权拒绝违章指挥和强令冒险作业，有权在发生危及人身安全的紧急情况时立即停止作业或者采取必要的应急措施后撤离危险区域。

（5）建筑起重机械安装拆卸工、起重信号工、起重司机、司索工等特种作业人员应当经建设主管部门考核合格，并取得特种作业操作资格证书后，方可上岗作业。

省、自治区、直辖市人民政府建设主管部门负责组织实施建筑施工企业特种作业人员的考核。

2. 《危险性较大的分部分项工程安全管理办法》

办法对危险性较大的分部分项工程，即房屋建筑和市政基础设施工程在施工过程中，容易导致人员群死群伤或者造成重大经济损失的分部分项工程的前期保障、专项施工方案、现场安全管理及监督管理明确了具体要求。

（1）施工单位应当在施工现场显著位置公告危大工程名称、施工时间和具体责任人员，并在危险区域设置安全警示标志。

（2）专项施工方案实施前，编制人员或者项目技术负责人应当向施工现场管理人员进行方案交底。

施工现场管理人员应当向作业人员进行安全技术交底，并由双方和项目专职安全生产管理人员共同签字确认。

（3）施工单位应当对危大工程施工作业人员进行登记，项目负责人应当在施工现场履职。

项目专职安全生产管理人员应当对专项施工方案实施情况进行现场监督，对未按照专项施工方案施工的，应当要求立即整改，并及时报告项目负责人，项目负责人应当及时组织限期整改。

施工单位应当按照规定对危大工程进行施工监测和安全巡视，发现危及人身安全的紧急情况，应当立即组织作业人员撤离危险区域。

（4）危大工程发生险情或者事故时，施工单位应当立即采取应急处置措施，并报告工程所在地住房城乡建设主管部门。建设、勘察、设计、监理等单位应当配合施工单位开展应急抢险工作。

第四章　建筑施工安全防护基本知识

第一节　个人安全防护用品的使用

1. 安全帽

安全帽是对人的头部受坠落物及其他特定因素引起的伤害起防护作用的防护用品。由帽壳、帽衬、下颏带和帽箍等组成。

施工现场工人必须佩戴安全帽。

（1）安全帽的作用

主要是为了保护头部不受到伤害。并在出现以下几种情况时保护人的头部不受伤害或降低头部伤害的程度。

1）飞来或坠落下来的物体击向头部时；

2）当作业人员从 2m 及以上的高处坠落下来时；

3）当头部有可能触电时；

4）在低矮的部位行走或作业，头部有可能碰到尖锐、坚硬的物体时。

（2）安全帽佩戴注意事项

安全帽的佩戴要符合标准，使用应符合规定。佩戴时要注意下列事项：

1）戴安全帽前应将调整带按自己头型调整到适合的位置，然后将帽内弹性带系牢。缓冲衬垫的松紧由带子调节，人的头顶和帽体内顶部的空间垂直距离一般在 25～50mm 之间。这样才能保证当遭受到冲击时，帽体有足够的空间可供缓冲，平时也有利于头和帽体间的通风。

2）不要把安全帽歪戴，也不要把帽檐戴在脑后方。否则，会降低安全帽对于冲击的防护作用。

3）为充分发挥保护力，安全帽佩戴时必须按头号围的大小调整帽箍并系紧下颏带。

4）安全帽体顶部除了在帽体内部安装了帽衬外，有的还开了小孔通风。但在使用时不要为了透气而随便再行开孔，因为这样做会降低帽体的强度。

5）安全帽要定期检查。检查有没有龟裂、下凹、裂痕和磨损等情况，发现异常现象要立即更换，不准再继续使用。任何受过重击、有裂痕的安全帽，不论有无损坏现象，均应报废。

6）在现场室内作业也要戴安全帽，特别是在室内带电作业时，更要认真戴好安全帽，因为安全帽不但可以防碰撞，而且还能起到绝缘作用。

7）平时使用安全帽时应保持整洁，不能接触火源，不要任意涂刷油漆，不准当凳子坐。如果丢失或损坏，必须立即补发或更换，无安全帽一律不准进入施工现场。

2. 安全带

安全带是用于防止高处作业人员发生坠落或发生坠落后将作业人员安全悬挂的个体防护装备。主要由安全绳、缓冲器、主带、辅带等部件组成。

为了防止作业者在某个高度和位置上可能出现的坠落，作业者在登高和高处作业时，必须系挂好安全带。安全带的使用和维护有以下几点要求：

（1）高处作业施工前，应对作业人员进行安全技术教育及交底，并应配备相应防护用品。作业人员应从思想上重视安全带的作用，作业前必须按规定要求系好安全带。

（2）安全带在使用前要检查各部位是否完好无损，所有零部件应顺滑，无材料或制造缺陷，无尖角或锋利边缘。

（3）挂点强度应满足安全带的负荷要求，挂点不是安全带的组成部分，但同安全带的使用密切相关。高处作业如无固定挂点，应采用适当强度的钢丝绳或采取其他方法悬挂。禁止挂在移动或带尖锐棱角或不牢固的物件上。

（4）高挂低用。将安全带挂在高处，人在下面工作就叫高挂低用。它可以使坠落发生时的实际冲击距离减小。与之相反的是低挂高用。因为当坠落发生时，实际冲击的距离会加大，人和绳都要受到较大的冲击负荷。所以安全带必须高挂低用，严禁低挂高用。

（5）安全带绳保护套要保持完好，以防绳被磨损。若发现保护套损坏或脱落，必须加上新套后再使用。

（6）安全带严禁擅自接长使用。如果使用 3m 及以上的长绳时必须要加缓冲器，各部件不得任意拆除。

（7）安全带在使用后，要注意维护和保管。要经常检查安全带缝制部分和挂钩部分，必须详细检查捻线是否发生裂断和残损等。

（8）安全带不使用时要妥善保管，不可接触高温、明火、强酸、强碱或尖锐物体，不要存放在潮湿的仓库中保管。

（9）安全带在使用两年后应抽验一次，频繁使用应经常进行外观检查，发现异常必须立即更换。定期或抽样试验用过的安全带，不准再继续使用。

3. 防护服

建筑施工现场作业人员应穿着工作服。焊工的工作服一般为白色，其他工种的工作服没有颜色的限制。

（1）防护服的分类

建筑施工现场的防护服主要有以下几类：

1）全身防护型工作服；

2）防毒工作服；

3）耐酸工作服；

4）耐火工作服；

5）隔热工作服；

6）通气冷却工作服；

7）通水冷却工作服；

8）防射线工作服；

9）劳动防护雨衣；

10）普通工作服。

（2）防护服的穿着

施工现场对作业人员防护服的穿着要求主要有：

1）作业人员作业时必须穿着工作服；

2）操作转动机械时，袖口必须扎紧；

3）从事特殊作业的人员必须穿着特殊作业防护服；

4）焊工工作服应是白色帆布制作的。

4. 防护鞋

防护鞋的种类比较多，应根据作业场所和内容的不同选择使用。电力建设施工现场上常用的有绝缘鞋（靴）、焊接防护鞋、耐酸碱橡胶靴及皮安全鞋等。

对绝缘鞋（靴）的要求有：

（1）必须在规定的电压范围内使用；

（2）绝缘鞋（靴）胶料部分无破损，且每半年作一次预防性试验；

（3）在浸水、油、酸、碱等条件上不得作为辅助安全用具使用。

5. 防护手套

使用防护手套时，必须对工件、设备及作业情况分析之后，选择适当材料制作的，操作方便的手套，方能起到保护作用。施工现场上常用的防护手套有下列几种：

（1）劳动保护手套。具有保护手和手臂的功能，作业人员工作时一般都使用这类手套。

（2）带电作业用绝缘手套。要根据电压选择适当的手套，检查表面有无裂痕、发粘、发脆等缺陷，如有异常禁止使用。

（3）耐酸、耐碱手套。主要用于接触酸和碱时戴的手套。

（4）橡胶耐油手套。主要用于接触矿物油、植物油及脂肪簇的各种溶剂作业时戴的手套。

（5）焊工手套。电、火焊工作业时戴的防护手套，应检查皮革或帆布表面有无僵硬、洞眼等残缺现象，如有缺陷，不准使用。手套要有足够的长度，手腕部不能裸露在外边。

第二节　安全色与安全标志

安全色和安全标志是国家规定的两个传递安全信息的标准。尽管安全色和安全标志是一种消极的、被动的防御性的安全警告装置，并不能消除、控制危险，不能取代其他防范安全生产事故的各种措施，但它们形象而醒目地向人们提供了禁止、警告、指令、提示等安全信息，对于预防安全生产事故的发生具有重要作用。

1. 安全色的概念

安全色，就是传递安全信息含义的颜色，包括红、蓝、黄、绿四种颜色。对比色，是使安全色更加醒目的反衬色，包括黑、白两种颜色。对比色要与安全色同时使用。

安全色适用于工业企业、交通运输、建筑、消防、仓库、医院及剧场等公共场所使用的信号和标志的表面色，不适用于灯光信号、航海、内河航运以及其他目的而使用的颜色。

2. 安全色的含义

安全色的红、蓝、黄、绿四种颜色，分别代表不同的含义。

（1）红色。表示禁止、停止、危险以及消防设备的意思。凡是禁止、停止、消防和有危险的器件或环境均应涂以红色的标记作为警示的信号。

（2）蓝色。表示指令，要求人们必须遵守的规定。

（3）黄色。表示提醒人们注意。凡是警告人们注意的器件、设备及环境都应以黄色表示。

（4）绿色。表示给人们提供允许、安全的信息。

（5）对比色与安全色同时使用。

（6）安全色与对比色的相间条纹。

红色与白色相间条纹——表示禁止人们进入危险环境。

黄色与黑色相间条纹——表示提示人们特别注意的意思。

蓝色和白色相间条纹——表示必须遵守规定的意思。

绿色和白色相间条纹——与提示标志牌同时使用，更为醒目地提示人们。

3. 安全色的使用

安全色的使用范围很广，可以使用在安全标志上，也可以直接使用在机械设备上；可以在室内使用，也可以在户外使用。如红色的，各种禁止标志；黄色的，各种警告标志；蓝色的，各种指令标志；绿色的，各种提示标志等。

安全色有规定的颜色范围，超出范围就不符合安全色的要求。颜色范围所规定的安全色是最不容易互相混淆的颜色。对比色是为了使安全色更加醒目而采用的反衬色，它的作用是提高物体颜色的对比度。

4. 安全标志的概念

安全标志是用以表达特定安全信息的标志，由图形符号、安全色、几何图形（边框）或文字构成。

安全标志适用于工矿企业、建筑工地、厂内运输和其他有必要提醒人们注意安全的场所。使用安全标志，能够引起人们对不安全因素的注意，从而达到预防事故、保证安全的目的。但是，安全标志的使用只是起到提示、提醒的作用，它不能代替安全操作规程，也不能代替其他的安全防护措施。

5. 安全标志的种类

安全标志分禁止标志、警告标志、指令标志和提醒标志四大类型。

（1）禁止标志。禁止标志的含义是禁止人们危险行为的图形标志。其基本形式是带斜杠的圆边框，采用红色作为安全色。

（2）警告标志。警告标志的基本含义是提醒人们对周围环境引起注意，以避免可能发生危险的图形标志。其基本形式是正三角形边框，采用黄色作为安全色。

（3）指令标志。指令标志的含义是强制人们必须做出某种动作或采用防范措施的图形标志。其基本形式是圆形边框，采用蓝色作为安全色。

（4）提示标志。提示标志的含义是向人们提供某种信息（如标明安全设施或场所等）的图形标志。其基本形式是正方形边框，采用绿色作为安全色。

第三节 高处作业安全知识

1. 高处作业的基本概念

凡在坠落高度基准面 2m 及以上，有可能坠落的高处进行的作业，均称为高处作业。

2. 建筑施工高处作业常见形式及安全措施

（1）临边作业

临边作业是指在工作面边沿无围护或围护设施高度低于 800mm 的高处作业，包括楼板边、楼梯段边、屋面边、阳台边、各类坑、沟、槽等边沿的高处作业。

进行临边作业时，应在临空一侧设置防护栏杆，并应采用密目式安全立网或工具式栏板封闭。

1）分层施工的楼梯口、楼梯平台和梯段边，应安装防护栏杆；外设楼梯口、楼梯平台和梯段边还应采用密目式安全立网封闭。

2）建筑物外围边沿处，应采用密目式安全立网进行全封闭，有外脚手架的工程，密目式安全立网应设置在脚手架外侧立杆上，并与脚手杆紧密连接；没有外脚手架的工程，应采用密目式安全立网将临边全封闭。

3）施工升降机、龙门架和井架物料提升机等各类垂直运输设备设施与建筑物间设置的通道平台两侧边，应设置防护栏杆、挡脚板，并应采用密目式安全立网或工具式栏板封闭。

4）各类垂直运输接料平台口应设置高度不低于 1.80m 的楼层防护门，并应设置防外开装置；多笼井架物料提升机通道中间，应分别设置隔离设施。

（2）洞口作业

洞口作业是指在地面、楼面、屋面和墙面等有可能使人和物料坠落，其坠落高度大于或等于2m的洞口处的高处作业。

在洞口作业时，应采取防坠落措施，并应符合下列规定：

1）当垂直洞口短边边长小于500mm时，应采取封堵措施；当垂直洞口短边边长大于或等于500mm时，应在临空一侧设置高度不小于1.2m的防护栏杆，并应采用密目式安全立网或工具式栏板封闭，设置挡脚板。

2）当非垂直洞口短边尺寸为25mm～500mm时，应采用承载力满足使用要求的盖板覆盖，盖板四周搁置应均衡，且应防止盖板移位。

3）当非垂直洞口短边边长为500mm～1500mm时，应采用专项设计盖板覆盖，并应采取固定措施。

4）当非垂直洞口短边边长大于或等于1500mm时，应在洞口作业侧设置高度不小于1.2m的防护栏杆，并应采用密目式安全立网或工具式栏板封闭；洞口应采用安全平网封闭。

5）电梯井口应设置防护门，其高度不应小于1.5m，防护门底端距地面高度不应大于50mm，并应设置挡脚板。

6）在进入电梯安装施工工序之前，同时井道内应每隔10m且不大于2层加设一道水平安全网。电梯井内的施工层上部，应设置隔离防护设施。

7）施工现场通道附近的洞口、坑、沟、槽、高处临边等危险作业处，应悬挂安全警示标志外，夜间应设灯光警示。

8）边长不大于500mm洞口所加盖板，应能承受不小于1.1kN/㎡的荷载。

9）墙面等处落地的竖向洞口、窗台高度低于800mm的竖向洞口及框架结构在浇注完混凝土没有砌筑墙体时的洞口，应按临边防护要求设置防护栏杆。

（3）攀登作业

攀登作业是指借助登高用具或登高设施进行的高处作业。攀登作业应注意以下事项：

1）攀登的用具，结构构造上必须牢固可靠。

2）梯子底部应坚实，并有防滑措施，不得垫高使用，梯子的上端应有固定措施。

3）单梯不得垫高使用，使用时应与水平面成 75°夹角，踏步不得缺失，其间距宜为 300mm。当梯子需接长使用时，应有可靠的连接措施，接头不得超过 1 处。连接后梯梁的强度，不应低于单梯梯梁的强度。

4）固定式直爬梯应用金属材料制成。使用直爬梯进行攀登作业时，攀登高度以 5m 为宜，超过 8m 时，应设置梯间平台。

5）上下梯子时，必须面向梯子，且不得手持器物。

（4）交叉作业

交叉作业是指垂直空间贯通状态下，可能造成人员或物体坠落，并处于坠落半径范围内、上下左右不同层面的立体作业。交叉作业时应注意以下事项：

1）各工种进行上下立体交叉作业时，不得在同一垂直方向上操作，下层作业的位置，必须处于依上层高度确定的可能坠落半径范围之外，不符合以上条件时，应设安全防护层。

2）钢模板、脚手架拆除时，下方不得有人施工。

3）模板拆除后，临边堆放处离楼层边沿不应小于 1m，堆放高度不得超过 1m，楼层边口、通道口、脚手架边缘等处，严禁堆放任何物件。

4）结构施工自 2 层起，凡人员进出的通道口（包括井架、施工电梯的进出通道口），均应搭设双层防护棚。

5）在建建筑物旁或在塔机吊臂回转半径范围之内的主要通道，临时设施，钢筋、本工作业区等必须搭设双层防护棚。

第五章　施工现场消防基本知识

第一节　施工现场消防知识概述及常用消防器材

1. 施工现场消防知识概述

我国消防工作实行预防为主、消防结合的方针。按照政府统一领导、部门依法监管、单位全面负责、公民积极参与的原则，实行消防安全责任制，建立健全社会化的消防工作网络。

建设工程施工现场的防火，必须遵循国家有关方针、政策，针对不同施工现场的火灾特点，立足自防自救，采取可靠防火措施，做到安全可靠、经济合理、方便适用。

燃烧的发生必须具备三个条件，即：可燃物、助燃物和着火源。因此，制止火灾发生的基本措施包括：

（1）控制可燃物，以难燃或不燃的材料代替易燃或可燃的。

（2）隔绝空气，使用易燃物质的生产应密闭的设备中进行。

（3）消除着火源。

（4）阻止火势蔓延，在建筑物之间筑防火墙，设防火间距，防止火灾扩大。

2. 建筑施工现场消防器材的配置和使用

（1）在建工程及临时用房的下列场所应配置灭火器：

1）易燃易爆危险品存放及使用场所；

2）动火作业场所；

3）可燃材料存放、加工及使用场所；

4）厨房操作间、锅炉房、发电机房、变配电房、设备用房、

办公用房、宿舍等临时用房;

5)其他具有火灾危险的场所。

(2)建筑施工现场常用灭火器及使用方法:

1)泡沫灭火器。药剂:筒内装有碳酸氢钠、发沫剂、硫酸铝溶液。用途:适用于扑救油脂类、石油产品及一般固体初起的火灾;不适用于扑救忌水化学品和电气火灾。使用方法:手指堵住喷嘴,将筒体上下颠倒2次,打开开关,药剂即喷出。

2)干粉灭火器。药剂:钢筒内装有钾盐或钠盐粉,并备有盛装压缩气体的小钢瓶。用途:适用于扑救石油及其产品、可燃气体和电气设备初起的火灾。使用方法:提起筒,拔掉保险销环,干粉即可喷出。

3)二氧化碳灭火器。药剂:瓶内装有压缩或液态的二氧化碳。用途:主要适用于扑救贵重设备档案资料,仪器仪表,600伏以下的电器及油脂等火灾;禁止使用二氧化碳灭火器灭火的物品有,遇有燃烧物品中的锂、钠、钾、铯、锶、镁、铝粉等。使用方法:拔掉安全销,一手拿好喇叭筒对着火源,另一手压紧压把打开开关即可。

4)酸碱灭火器。用途:主要适用于扑救竹、木、棉、毛、草、纸等一般初起火灾,但对忌水的化学物品、电气、油类不宜用。

(3)消防栓、消防带、消防水枪

消防栓按安装区域分有室内、室外消防栓两种;按安装位置分有地上式与地下式两种;按消防介质分有水消防栓和泡沫消防栓两种。消防栓应在任意时刻均处于工作状态。

1)消防水带应配相对口径的水带接口方能使用。水带接口装置于水带两端,用于水带与水带、消火栓或水枪之间的连接,以便进行输水或水和泡沫混合液,其接口为内扣式。

2)水枪是装在水带接口上,起射水作用的专用部件。各种水枪的接口形式均为内扣式。

3)消防栓的开关位置在其顶部,必须用专用扳手操作,其顶盖上有开关标志符。

使用时应先安好消防水带，之后打开消防栓上封盖把水带固定好，然后再打开消防栓。在使用消防栓灭火时，必须两人以上操作，当水带充满水后，一人拿枪，一人配合移动消防水带。

第二节　施工现场消防管理
制度及相关规定

施工现场的消防安全由施工单位负责。实行施工总承包的，应由总承包单位负责。分包单位向总承包单位负责，并应服从总承包单位的管理，同时应承担国家法律、法规规定的消防责任和义务。施工现场建立消防管理制度，落实消防责任制和责任人员，建立义务消防队，定期对有关人员进行消防教育，落实消防措施。

1. 施工现场消防管理制度

（1）施工单位应编制施工现场灭火及应急疏散预案。灭火及应急疏散预案应包括下列主要内容：

1）应急灭火处置机构及各级人员应急处置职责。

2）报警、接警处置的程序和通信联络的方式。

3）扑救初起火灾的程序和措施。

4）应急疏散及救援的程序和措施。

（2）施工人员进场时，施工现场的消防安全管理人员应向施工人员进行消防安全教育和培训。消防安全教育和培训应包括下列内容。

1）施工现场消防安全管理制度、防火技术方案、灭火及应急疏散预案的主要内容。

2）施工现场临时消防设施的性能及使用、维护方法。

3）扑灭初起火灾及自救逃生的知识和技能。

4）报警、接警的程序和方法。

（3）施工作业前，施工现场的施工管理人员应向作业人员进行消防安全技术交底。消防安全技术交底应包括下列主要内容：

1）施工过程中可能发生火灾的部位或环节。

2）施工过程应采取的防火措施及应配备的临时消防设施。

3）初起火灾的扑救方法及注意事项。

4）逃生方法及路线。

（4）施工过程中，施工现场的消防安全负责人应定期组织消防安全管理人员对施工现场的消防安全进行检查。消防安全检查应包括下列主要内容：

1）可燃物及易燃易爆危险品的管理是否落实。

2）动火作业的防火措施是否落实。

3）用火、用电、用气是否存在违章操作，电、气焊及保温防水施工是否执行操作规程。

4）临时消防设施是否完好有效。

5）临时消防车道及临时疏散设施是否畅通。

2. 施工现场消防管理规定

（1）施工现场动火作业

1）动火作业应办理动火许可证，动火许可证的签发人收到动火申请后，应前往现场查验并确认动火作业的防火措施落实后，再签发动火许可证。

2）动火操作人员应具有相应资格。

3）焊接、切割、烘烤或加热等动火作业前，应对作业现场的可燃物进行清理；作业现场及其附近无法移走的可燃物应采用不燃材料覆盖或隔离。

4）施工作业安排时，宜将动火作业安排在使用可燃建筑材料施工作业之前进行。确需在可燃建筑材料施工作业之后进行动火作业的，应采取可靠的防火保护措施。

5）裸露的可燃材料上严禁直接进行动火作业。

6）焊接、切割、烘烤或加热等动火作业应配备灭火器材，并应设置动火监护人进行现场监护，每个动火作业点均应设置1个监护人。

7）五级（含五级）以上风力时，应停止焊接、切割等室外动火作业，确需动火作业时，应采取可靠的挡风措施。

8）动火作业后，应对现场进行检查，并应在确认无火灾危险后，动火操作人员再离开。

（2）施工现场用电

1）电气线路应具有相应的绝缘强度和机械强度，禁止使用绝缘老化或失去绝缘性能的电气线路，严禁在电气线路上悬挂物品。破损、烧焦的插座、插头应及时更换。

2）电气设备与可燃、易燃易爆和腐蚀性物品应保持一定的安全距离。

3）距配电盘 2m 范围内不得堆放可燃物，5m 范围内不应设置可能产生较多易燃、易爆气体、粉尘的作业区。

4）可燃库房不应使用高热灯具，易燃易爆危险品库房内应使用防爆灯具。

5）电气设备不应超负荷运行或带故障使用。

（3）施工现场用气

1）储装气体罐瓶及其附件应合格、完好和有效；严禁使用减压器及其他附件缺损的氧气瓶，严禁使用乙炔专用减压器、回火防止器及其他附件缺损的乙炔瓶。

2）气瓶应保持直立状态，并采取防倾倒措施，乙炔瓶严禁横躺卧放。

3）严禁碰撞、敲打、抛掷、溜坡或滚动气瓶。

4）气瓶应远离火源，与火源的距离不应小于 10m，并应采取避免高温和防止曝晒的措施。

5）气瓶应分类储存，库房内应通风良好；空瓶和实瓶同库存放时，应分开放置，两者间距不应小于 1.5m。

6）瓶装气体使用前，应检查气瓶及气瓶附件的完好性，检查连接气路的气密性，并采取避免气体泄漏的措施，严禁使用已老化的橡皮气管。

7）氧气瓶与乙炔瓶的工作间距不应小于 5m，气瓶与明火作业点的距离不应小于 10m。

　　8）冬季使用气瓶，气瓶的瓶阀、减压阀等发生冻结时，严禁用火烘烤或用铁器敲击瓶阀，严禁猛拧减压器的调节螺丝。

　　9）氧气瓶内剩余气体的压力不应少于 0.1MPa，气瓶用后应及时归库。

第六章　施工现场应急救援基本知识

第一节　生产安全事故应急救援
预案管理相关知识

1. 生产安全事故应急救援预案的概念

生产安全事故应急救援预案是为了有效预防和控制可能发生的事故，最大程度减少事故及其损害而预先制定的工作方案。它是事先采取的防范措施，将可能发生的等级事故损失和不利影响减少到最低的有效方法。

2. 建筑施工企业生产安全事故应急救援预案的管理

施工单位的应急救援预案应经专家评审或者论证后，由企业主要负责人签署发布。施工项目部的安全事故应急救援预案在编制完成后报施工企业审批。

建筑工程施工期间，施工单位应当将生产安全事故应急救援预案在施工现场显著位置公示，并组织开展本单位的应急救援预案培训交底活动，使有关人员了解应急救援预案的内容、熟悉应急救援职责、应急救援程序和岗位应急救援处置方案。

建筑施工单位应当制定本单位的应急预案演练计划，根据本单位的事故预防重点，每年至少组织一次综合应急预案演练或者专项应急预案演练，每半年至少组织一次现场处置方案演练。

第二节 现场急救基本知识

1. 施工现场应急救护要点

（1）对骨伤人员的救护

1）不能随便搬动伤者，以免不正确的搬动（或移动）给伤者带来二次伤害。例如凡是胸、腰椎骨折者，头、颈部外伤者，不能任意搬动，尤其不能屈曲。

2）在需要搬动时，用硬板固定受伤部位后方可搬动。

3）用担架搬运时，要使伤员头部向后，以便后面抬担架的人可以随时观察其伤情变化。

（2）对眼睛伤害人员的救护

1）眼有异物时，千万不要自行用力揉眼睛，应通过药水、泪水、清水冲洗，仍不能把异物冲掉时，才能扒开眼睑，仔细小心清除眼里异物，如仍无法清除异物或伤势较重时，应立即到医院治疗。

2）当化学物质（如砌筑用的石灰膏）进入眼内，立即用大量的清水冲洗。冲洗时要扒开眼睑，使水能直接冲洗眼睛，要反复冲洗，时间至少15分钟以上。在无人协助的情况下，可用一盆水，双眼浸入水中，用手分开眼睑，做睁、闭眼、转动立即到医院做必要的检查和治疗。

（3）心肺复苏术

心肺复苏术，是在建筑工地现场对呼吸心跳骤停病人给予呼吸和循环支持所采取的急救，急救措施如下：

1）畅通气道：托起患者的下颌，使病人的头向后仰，如口中有异物，应先将异物排除。

2）口对口人工呼吸：握闭病人的鼻孔，深吸气后先连续快速向病人口内吹气4次，吹气频率以每分钟2~16次。如遇特殊情况（牙关紧闭或外伤），可采用口对鼻人工呼吸。

3）胸外按压：双手在放病人胸骨的下1/3段（剑突上两根

指），有节奏地垂直向下按压胸骨干段，成人按压的深度为胸骨下陷 4～5cm 为宜。一般按压 15 次，吹气 2 次。

4）胸外心脏按压和口对口吹气需要交替进行。最好有两个人同时参加急救，其中一个人作口对口吹气。

（4）外伤常用止血方法

1）一般止血法：凡出血较少的伤口，可在清洗伤口后盖上一块消毒纱布，并用绷带或胶布固定即可。

2）指压止血法：可用干净的布（没有布可以用手）直接按压伤口，直到不出血为止。

3）加压包扎止血法：用纱布，棉花等垫放在伤口上，用较大的力进行包扎。并尽量抬高受伤部位。加压时力量也不可过大，或扎得过紧，如以免引起受伤部位局部缺血造成坏死。

2. 建筑施工现场主要事故类型及救援常识

（1）触电事故及救援常识

1）发现有人触电时，不要直接用手去拖拉触电者，应首先迅速拉电闸断电，现场无电电闸时，使用木方等不导电的材料或用干衣服包严双手，将触电者拖离电源。

2）根据触电者的状况现场进行人工急救（如心肺复苏），并迅速向工地负责人报告或报警。

（2）火灾事故及救援常识

1）最早发现者应立即大声呼救，并根据情况立即采取正确方法灭火。当判断火势无法控制时，要迅速报警和向有关人员报告。

2）根据火灾的影响范围，迅速把无关人员疏散到指定的消防安全区。作业区发生火灾时，可采用建筑物内楼梯、外脚手架上下梯、离火灾现场较远的外施工电梯等疏散人员。不得使用离火灾现场较近的外施工电梯，严禁使用室内电梯疏散人员。

3）当火势无法控制时，要及时采取隔离火源措施，及时搬出附近的易燃易爆物以及贵重物品，防止火势蔓延到有易燃易爆物品或存放贵重物品的地点。当有可能发生气瓶爆炸或火势已无法控制且危及人员生命安全时，迅速将救火人员撤离到安全地方，等待专职消防队救援或采取其他必要措施。

4）火灾逃生自救知识原则；

如果发现火势无法控制，应保持镇静，判断危险地点和安全地点，决定逃生方法和路线，尽快撤离险地。

通过浓烟区逃生时，如无防毒面具等护具，可用湿等毛巾捂住口鼻，并尽可能贴近地面，以匍匐姿势快速前进，如有条件可向头部、身上浇冷水或用湿毛巾、湿棉被，湿毯子等将头、身裹好再冲出去。

（3）易燃易爆气体泄漏事故应急常识

1）最早发现者应立即大声呼救，并向有关人员报告或报警。根据情况立即采取正确方法施救，如尝试采取关闭阀门、堵漏洞等措施截断、控制泄漏，若无法控制，应迅速撤离。

2）在气体泄漏区内严禁使用手机、电话或启动电器设备，并禁止一切产生明火或火花的行为。

3）疏散无关人员，迅速远离危险区域，治安保卫人员要迅速建立禁区，严禁无关人员进入。同时停止附近的作业。

4）在未有安全保障措施的情况下，不要盲目行动，应等待公安消防队或其他专业救援队伍处理。

（4）发现坍塌预兆或坍塌事故应急常识

1）发现坍塌预兆时，发现者应立即大声呼唤，停止作业，迅速疏散人员撤离现场，并向项目部报告。待险情排除，并得到有关人员同意后，方可重新进入现场作业。

2）当事故发生后，发现者应立即大声呼救，同时向有关人员报告或报警。项目部根据情况立即采取措施组织抢救，同时向上级部门报告。

3）迅速判断事故发展状态和现场情况，采取正确应急控制措施，判断清楚被掩埋人员位置，立即组织人员全力挖掘抢救。

4）在救护过程中要防止二次坍塌伤人，必要时先对危险的地方采取一定的加固措施。

5）按照有关救护知识，立即救护抢救出来的伤员，在等待医生救治或送往医院抢救过程中，不要停止和放弃施救。

（5）有毒气体中毒事故应急常识

1）最早发现者应立即大声呼救，向有关人员报告或报警，如原因明确应立即采取正确方法施救，但不可盲目救助。

2）迅速查明事故原因和判断事故发展状态，采取正确方法施救。

如中毒事故必须先通风或戴好防毒面具才可救人；如缺氧，则要配戴有供氧装制的防毒面具才可救人。

3）救出伤员后按照有关救护知识，立即救护伤员，在等待医生救治或送往医院抢救过程中，不要停止和放弃施救，可采用人工呼吸，或输氧急救等。

4）现场不具备抢救条件时，立即向社会求救。

（6）高处坠落伤害急救常识：

1）坠落在地的伤员，应初步检查伤情，不得随意搬动。

2）立即呼叫"120"急救医生前来救治。

3）采取初步急救措施：止血、包扎、固定。

4）注意固定颈部、胸腰部椎，搬运时保持动作一致平稳，避免伤员脊柱弯曲扭动加重伤情。

3. 施工现场报警注意事项

（1）按工地写出的报警电话，进行报警。

（2）报告事故类型。说明伤情（病情、火情、案情）等，好让救护人员事先做好急救的准备。如火灾报警时要尽量说明燃烧或爆炸物质、燃烧程度、人员伤亡、发生火灾楼层等情况。

（3）说明单位（或事故地）的电话或手机号码，以便救护车（消防车、警车）随时用电话通信联系。

（4）可用几部电话或手机，由数人同时向有关救援单位报警求救。以便让各种救援单位都能以最快的速度到达事故现场。

第二部分　专业基础知识

第七章　概　　述

第一节　桥（门）式起重机的发展

1. 概况

我国的起重机技术源于西欧，后经苏联传入我国。新中国成立初期，国内起重机械主要依靠成套设备进口，货物的装卸以人力为主。1949 年末，我国第一台起重能力为 5t/22.5m 电动双梁（箱型）桥式起重机由大连起重机器厂制造成功，当年全国装卸搬运机械的总产量仅 6000t（2011 年仅太原重工股份有限公司的起重机产量就达到 70000t）；经过 60 多年的艰苦奋斗，国内起重机械行业已形成相当规模和分布的产业体系，满足了国内经济发展对各种类型起重机械产品的需求，并向国外出口。

2. 发展趋势

（1）向"三化"方向发展——大型化、自动化、集成一体化

1）大型化随着科学技术和经济的不断发展，能源、石油化工、冶金、造船、港口等工程规模越来越趋于大型化，从而促使起重机械大型化，即能力更强、速度更快、范围更广；同时，大型化发展往往为起重机械带来专用性，以适应特定场合的特殊功能和要求。起重机械大型化趋势下工作能力参数的比较，见表7-1。需要说明的是，由于受信息限制，本示例中所涉及的生产制造单位并不代表对其特别推荐。

起重机械大型化趋势下工作能力参数比较　　表 7-1

性能参数	一般（通用桥门式系列）	特殊机型
起重量	3.2～320t	室外桥式起重机"泰山"号，20000t
起升速度	10～20m/min	垃圾起重机，100m/min
运行速度	40～100m/min	岸边集装箱装卸桥，300m/min
起升高度	10～20m	1000t 级造船门式起重机，80～100m
跨度	10～30m	1000t 级造船门式起重机，248m
幅度	20～30m（一般门座式起重机）	大型门座式起重机，100m

　　太原重型机械集团有限公司为三峡工程研制了单钩起重量世界之最——1200t/125t 室内桥式起重机，跨度 33.6m，起升高度 34m，采用三主梁（梁高 3.6m）、四轨道、双小车的总体结构，圆满完成了三峡电厂 70MW 巨型水轮发电机组转子，定子等大型关键设备的安装和检修吊装；该公司还研发制造了国内最大的 480t/100t 桥式铸造起重机，制造出国内最大的桥隧相连的整孔箱梁 900t 级铁路架桥机（属于门式起重机）等大型起重设备。

　　大连重工起重集团有限公司研发了"泰山"号多吊点起重量世界之最——20000t×125m 室外多吊点桥式起重机（图 7-1），起升高度 113m，总重为 8100t，采用双复合箱型梁（梁高 18m，单梁自重 3100t），成功地实现了半潜式海上钻井平台的创新性建造工艺，节省制造工时 200 万个，在起重量、跨度和起升高度

图 7-1　"泰山"号 20000t×125m 多吊点桥式起重机

等项目刷新世界纪录，"泰山"号桥式起重机已成功实现提升20133t（下水驳船）离开水面30m而列入吉尼斯世界纪录。

上海振华重工（集团）股份有限公司研制了世界最大单机起吊7500t全回转自航浮式起重机（图7-2），固定状态为7500t×45m，全回转状态为4000t×40m，起升高度为110m，具有双钩形主钩和四爪形副钩。该公司研制的一次装卸 40ft×3 箱（1ft＝0.3048m）的岸边集装箱装卸桥（图7-3），以综合性能和高效率称雄于世界集装箱搬运行业。

图7-2　7500t全回转自航浮式起重机

图7-3　岸边集装箱装卸桥

国内还制造了跨度最大的 1000t×248m 造船门式起重机（图 7-4），整体抬吊为 1000t，船体翻身为 900t，起升高度为 70m＋14m（轨上＋轨下），箱型双梁（梁高 16m），总重为 7000t，能实现 900t 级船体翻转吊装工艺，成为超大型船舶制造的关键设备。

图 7-4　1000t×248m 造船门式起重机

国内还研发了世界上起重能力最强的超大吨位履带式起重机（图 7-5），起重量为 3200t（起重力矩为 82000t·m），采用并联双臂架——前后覆带车体的总体方案，主要用于核电站 CAP1400 的施工吊装。国内还研制了全球最大上回转 D5200-240 塔式起重机。

2）自动化与智能化起重机械的发展与创新空间，主要体现在电气控制的全电子、数字自动化技术方面，包括微电子、电力电子、光缆通信、模糊与全数字化控制、微机自诊断监控、数据管理、数字化操作给定检测系统等综合性智能化技术，使其在传统功能的基础上延伸发展出更多的自动化与智能化新技术功能，如吊具防偏防摇功能、自动取（卸）物功能、定位检测及过程记忆功能、故障自诊断监控功能以及基于物联网技术的远程监控（图 7-6）等。

20 世纪 80 年代中期，在人口递减、劳动力成本昂贵和熟练劳动力匮乏的地区，自动化集装箱码头首先受到关注。国际自动

图 7-5　3200t 履带式起重机

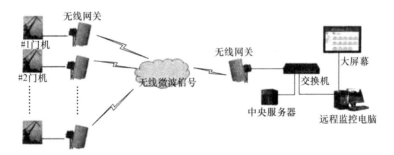

图 7-6　基于物联网技术的远程监控网络

化集装箱码头的发展至今已有 30 多年的历史。英国泰晤士港、日本川崎港和荷兰鹿特丹港首先规划建设自动化集装箱码头。泰晤士港、川崎港后因财政问题而搁浅，而荷兰鹿特丹港 ECT（Europe Combined Terminals）码头的建设则按照计划顺利进行。目前，ECT 和由德国汉堡港 HHLA（Ham-burger Hafen-and Lagerhaus-Aktiengesellschaft）码头公司经营管理的 Altenwerder 码头 CTA 是自动化运转程度最高的集装箱码头。

自动化集装箱码头的发展可以分成三个阶段：第一代以 ECT 码头Ⅰ期和Ⅱ期工程为代表；第二代以 CTA 码头为代表；第三代以 ECT 码头设计建设中的 EUROPMAX 码头为代表。三代自动化码头都有共同的缺陷即设备投资巨大、效率甚至不如人工操作的码头高。

截至目前，已运营的自动化集装箱码头典型代表有荷兰鹿特丹 ECT 码头、德国汉堡 HHLA-CTA 码头、荷兰鹿特丹 ECT Euromax 码头、法国 SFTO-MSC 码头、西班牙 TTI Algeciras 码头、比利时泽布勒赫 DPW 码头；堆场自动化运营的集装箱码头有美国弗吉尼亚码头、中国香港 HIT 码头、新加坡 PSA Pasir Panjang 码头、韩国釜山码头、中国台湾台北港、中国台湾阳明码头、澳大利亚 Patrick 码头。截至 2018 年底，世界上建成和在建的自动化集装箱码头项目约有 32 个。

2005 年，上海港外高桥建成了大陆首个自动化空箱堆场。2006 年，上海振华重工在长兴岛打造了 1∶1 全尺寸的自动化示范线。厦门远海码头在 2015 年初建成一个全自动化泊位并投入试运营。天津、青岛、上海等港口的自动化智能化集装箱码头项目也在如火如荼地进行中。

3）集成一体化利用计算机和网络技术，综合集成系统内各种专用设备、工艺流程（广泛性的上下工序、清洗、烘干、分拣、检验、计量等），以及起重机械、输送系统、自动导引小车 AGV、机器人、仓储设施、检测识别系统等，实现集成化自动搬运系统，总效率可提高 65% 以上。

（2）向"三性"——创新性、安全性与人机工效、可靠性推进

1）基于新理念下的自主创新在经典与成熟的技术、材料、工艺、构造等基础上，提升基于新思维和新理念的自主创新发展，不断开发创新出各种适应发展需求的新技术、新材料、新结构和新工艺等。

2）重视系统安全性与人机工效起重机械安全性是指其不发生事故、灾害的能力。行业的快速发展和起重安全特殊性，使得人们更加重视此项能力，而发生起重事故将越来越凸显与整个社会的不和谐。因此，开展基于本质安全理念下的安全设计保障、安全防护技术保障、安全过程控制及事故界定、疲劳和剩余寿命评估等技术研究，将是确保系统安全的重要工作。

注重人机工效将是起重机械产品升级换代的重要技术动力之一。传统上忽视人机工效设计的习惯将会导致设备系统出现严重缺陷，甚至制约产品发展和性能提高。起重机械上的司机室——操作人员进行人机对话的界面和结合点（图7-7），其整体的设计与设置（安装形式及位置、敞开与封闭、固定与移动等）、操控系统的设计与布置、操纵人员与系统环境等各方面都应遵循人性化为本、安全高效、健康和谐的人机工效科学原则。

图7-7　操作人员进行人机对话的界面

3）可靠性（包括可维修性）可靠性是指系统（整机、结构/机构及零部件、电气控制、液压传动等）在规定条件下（环境——温度、雨淋、日晒、尘埃等，使用载荷、振动、冲击等，维修——方法、手段、设备、技术水平等）和规定使用期限内完成规定功能（性能）而不出现故障隐患的能力。

维修性（维修度）是指对系统故障点可发现、可拆卸、可检修、可更换、可安装等的固有维修能力，属于系统固有可靠性指标，表征了整机在机构/结构的构造与布置、故障点/易损零件的拆卸与更换、工作位置方便性与检修效率等是否合理的综合能力，直接影响产品利用率及维修工时与费用，也是系统人机工效是否良好的一种表现。

可靠性设计和维修性设计是从性能和故障处理的不同角度来保证系统的可靠性，且都能体现系统的本质安全性。起重机械的"三化"发展及特种设备管理的特殊性，越来越凸显出系统高可靠性（包括可维修性）要求的重要性，并将成为行业竞争的焦点。

（3）紧凑轻量化与组合多样性

从满足和兼顾紧凑轻量化（节能减排）与高性价比、需求多样性与批量化生产、通用与组合多样性等综合目标出发，推行基于多目标优化的模块化设计理念已逐渐成为行业发展趋势。一般采用系统设计的方法，综合匹配产品性能与成本、制造工艺与管理、整机尺寸与建筑、设计制造与使用等多种因素，对常见机型的主要参数、典型构造、操纵方式等进行合理配置，从而实现类型模块化与菜单式组合的多样性系列产品，如图 7-8 所示。

另外，设计技术在传统经典的基础上（静态、类比、许用应力等）逐步过渡到应用新型设计理论（动态、有限元/优化/可靠

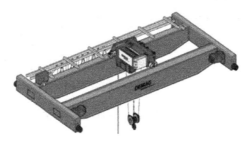

图 7-8　紧凑轻量化的欧式起重机

性、极限状态等），二维/三维 CAD 技术与 CAPP（工艺规划）、CAM（辅助制造）、CAT（辅助测试）等技术衔接，实现无纸化设计制造与管理，对工程技术人员的整体素质提出了更高、更新的要求。同时，设计过程中还应高度重视《起重机设计规范》GB/T 3811 等技术标准。

（4）功能外延化及民生化

随着起重机械的广泛应用，其可在三维空间内运动的使用特性日益凸显，逐渐派生发展出一类以现有起重机械为平台、实现或完成某些特殊工艺动作（清洗、涂漆、检测、计量、检修等）的"另类"产品，如擦窗机（图 7-9）、铝电解多功能机组（图 7-10）、铁路架桥机（图 7-11）、桥梁检测车、高架云梯、电缆检修车等，这类设备的广泛出现甚至有可能会引起对起重机械产品的重新定义与修正。

图 7-9　擦窗机

图 7-10　铝电解多功能机组

图 7-11　铁路架桥机

第二节　国内起重机械基本情况

1. 国内起重机械生产情况

我国起重机行业是在持续积累、充分竞争的环境下成长起来的，自 20 世纪 60 年代推出第一代汽车起重机开始，起重机行业走过了近 50 多年的历史，行业也由最初的数千万元的市场规模发展到 2013 年的 380 亿元（仅桥、门式起重机销售量）。在 50 多年的发展中，国内企业在研发、制造技术上得到了长足的发展，尤其是近 10 多年来，年均复合增长率达到了 38%。近年来，电力、石化、水利和交通基础设施建设的持续投入，有力地推动了起重机行业的发展，起重机行业迎来了快速发展的黄金期。据统计，2018 年我国起重机械行业中规模以上企业数量达 4821 家，工业总产值实现 3599.80 亿元，保持了 20.32% 的增长速度，具有较强的起重机械制造能力。目前，桥式起重机最大额定起重量达 1200t，门式起重机为 20000t，汽车起重机为 1200t，履带起重机达 4000t，浮式起重机为 8000t。

我国"十一五"期间重点发展的起重运输机械产品主要有：煤炭开采、运输、洗选等相关装卸输送成套设备；火力电站输煤系统成套设备及环保排灰输送设备，以及长距离气力输送装置等；大型自动化立体仓库及各式仓储物料搬运装卸成套设备；大型物流配送分拣中心及信息自动化系统等成套装备；大型散料港口装卸运输系统成套设备；大型集装箱装卸搬运成套设备；大型港口（公路）铁路货运的集装箱装卸运输系统成套设备；大型机械式立体停车系统成套设备；大型水电站专用起重机、大型冶金起重机等；汽车、造船和制造业生产线所需的智能、柔性化各种物料搬运成套设备；城市固体垃圾分拣处理系统所需的垃圾搬运设备。"十二五"规划指出，能源、电力、石化、冶金、交通运输等领域投资继续发力；新兴产业尤其是风电行业、海上石油开采等领域将是起重机械发展的又一个重点领域，这给起重机行业带来的新的发展机遇。

2. 国内起重机械使用情况

我国不仅是起重机的制造大国，而且也是起重机的使用大国。截至2018年底，全国注册登记的在用起重机械达234.79万台，位居世界前列。随着起重机数量的不断增加，起重机的事故也时有发生。

2016年，全国发生特种设备事故和相关事故233起，死亡269人，受伤140人。起重机械事故94起，占特种设备事故起数40.34％。起重机械事故原因主要是违章作业或操作不当。另有非法制造、改造、安装原因引起的事故4起，安全附件或保护装置失灵等引起的事故3起，吊具引起的事故2起，极端天气引起的事故1起。

2017年，全国发生特种设备事故和相关事故238起，死亡251人，受伤145人。起重机械事故93起，占特种设备事故起数39.08％。起重机械事故中违章作业或操作不当引起的事故21起，设备缺陷和安全附件失效或保护装置失灵等引起的事故3起，安全管理、维护保养不到位引起的事故3起。

2018年，全国发生特种设备事故和相关事故219起，死亡224人，受伤68人。起重机械事故100起，占特种设备事故起数45.66％，死亡人数占51.79％。事故的主要特征是倒塌、坠落、撞击和剪切。起重机械事故原因主要是违章作业或操作不当引起的事故18起；设备缺陷和安全部件失效或保护装置失灵等原因引起的事故2起；安全管理、维护保养不到位引起的事故2起；其他次生原因引起的事故9起。

第八章 桥（门）式起重机基础知识

为了能够更好地对市政工程工地、房屋建筑工地用桥（门）式起重机进行安全管理和操作，起重机械安全管理人员和作业人员有必要对桥（门）式起重机的基础知识进行一定程度的熟悉和了解，本章主要介绍桥（门）式起重机的安全管理和安全操作可能涉及的基础知识。

第一节 工 作 原 理

一般来说，起重机械工作时，取料、运移和卸载是依次进行的。各相应机构的工作是间歇性交替进行的。因此，起重机械是一种作循环、间歇运动的搬运装卸机械。其一个工作循环通常包括：取物装置从取物地把物品提起（起升），然后水平移动（运行）到指定地点放下物品（下降），接着进行反向运动，使取物装置返回原位，以便进行下一次循环。起重机械一般由起升机构（使物品上下运动）、运行机构（使起重机械移动）、变幅机构和回转机构（使物品作水平移动），再加上金属结构，动力装置，控制系统及必要的辅助装置组合而成。动力装置是用来驱动工作机构的动力设备。常见的动力装置型式有电力驱动、内燃机驱动和人力驱动等。电能是清洁、经济的能源，电力驱动是现代起重机的主要驱动形式，几乎所有的在一定范围内运行的有轨起重机都采用了电力驱动。对于可以远距离移动的流动式起重机多采用内燃机驱动。人力驱动适用于一些轻小起重设备，也用作某些设备的辅助、备用驱动和意外的临时动力。多数起重机械在取物装置取料之后即开始垂直或垂直兼有水平的工作行程，到达指定地点后卸载，再空行程回到取料地点，完成一个工作循环，然后，如此往复再进行第二次、第三次及第 n 次的吊运。

第二节　组成及特点

1. 桥（门）式起重机的结构组成及特点

随着我国经济的快速发展以及起重机行业设计能力和制造水平的不断提高，不同种类和品种的起重机正以前所未有的速度投放到市场。虽然起重机的种类和品种繁多，但是其结构组成大多是相同的。起重机通常都是由金属结构、机械部分、电气控制拖动系统和安全保护装置等组成。

桥式起重机的结构组成，如图 8-1 所示。门式起重机的结构组成，如图 8-2 所示。

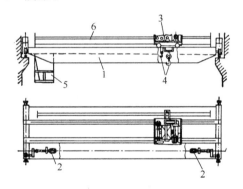

图 8-1　桥式起重机的结构组成
1—桥架；2—大车运行机构；3—小车运行机构；4—取物装置
（吊钩）；5—操纵室；6—小车导电

组成这些桥式和门式起重机的金属结构都是由主要受力结构和辅助结构构成。主要受力结构包括桥架结构、小车架结构、门架结构等，辅助结构包括司机室、通道、平台、梯子、栏杆和检修吊笼等。

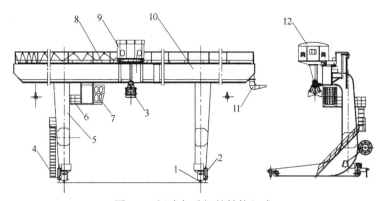

图 8-2　门式起重机的结构组成

1—大车路轨；2—大车运行机构；3—抓斗；4—斜梯；

5—支腿；6—司机室走台；7—司机室；8—走台；

9—小车；10—主梁；11—馈电装置；12—小车罩

组成这些桥式和门式起重机的机械部分，对于不同品种的起重机而言，它们的组成略有差异，比如桥架型起重机的机械部分主要是由起升机构、大车运行机构和小车运行机构组成；个别品种的桥式起重机的机械部分则是由起升机构和小车运行机构组成。

组成这些桥式和门式起重机的电气控制拖动系统，对于相同种类或不同种类的起重机，其需要达到的电气控制的目标都是相同的，但控制程度会因需求的不同而有所差异。

组成这些桥式和门式起重机的安全保护装置，对于相同种类或不同种类的起重机，其设置的要求在满足相关安全技术规范的前提下，也是有所差异的。

桥（门）式起重机的结构特点总体可概括为：金属结构承载设计所规定的载荷；机械部分实现载荷的各种运动；电气控制拖动系统实现对机械运动的控制与拖动；安全保护装置则是对各种运动控制失效时的安全进行保护。

2. 桥（门）式起重机的工作机构组成及特点

工作机构是为实现起重机不同的性能要求而设置的，要把一个重物从某一位置搬运到空间的任一位置，则此重物一般要做垂直（z）方向的运动和沿两个水平（x 和 y）方向的运动。起重机要实现重物的这些运动需求，必须设置相应的工作机构。不同类型的起重机，其性能要求不尽相同，例如轻小型起重机（如固定使用的电动葫芦），只需设置起升机构（实现重物垂直方向运动）；桥架型起重机（如桥式起重机和门式起重机），要使重物实现三个方向的运动，则需设置有起升机构（实现重物垂直方向运动）、小车运行机构和大车运行机构（实现重物沿两个水平方向的运动）。而对于臂架型起重机（如门座式起重机、流动式起重机、塔式起重机），一般需设置有起升机构、变幅机构、回转机构和行走机构。依靠起升机构实现重物的垂直方向运动，依靠变幅机构和回转机构实现重物在两个水平方向的移动，依靠行走机构实现重物在起重机所能到达的范围内任意空间运动或使起重机转移工作场所，因此，起升机构、行走机构、变幅机构和回转机构是起重机的四个基本工作机构。

有些起重机为了满足使用要求，还设置了其他机构，例如流动式起重机设置有伸缩机构、支腿机构；塔式起重机设置有顶升机构（作用是使整机高度随着建筑物的高度而升高，从而在不影响使用、效率的情况下改变起升的高度，并且方便拆卸）。

下面根据桥（门）式起重机的工作特性，介绍桥（门）式起重机工作机构的组成及特点。

（1）起升机构

起升机构是用来实现重物垂直方向运动的机构，是任何种类和品种起重机都不可缺少的机构，因而，它是起重机的主要工作机构。它的性能优劣，将直接影响到起重机整机的工作性能。

1）起升机构主要由驱动装置（电动机、液压马达或机械传动中某一主动轴）、传动装置（联轴器、减速器、浮动轴）、卷绕系统（卷筒组、滑轮组、钢丝绳）、制动装置（制动器、停止器）、取物装置（吊钩、抓斗、起重电磁铁、夹钳等）等组成，如图 8-3 所示。

① 驱动装置（图 8-4）是起升机构实现物品升降的动力源。绝大多数起重机的驱动装置采用的是电气驱动，即用电动机（动力源）作为驱动装置。起重机中常用 YZ 或 YZR 系列起重及冶金专用电动机。

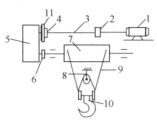

图 8-3　起升机构组成

1—电动机；2、4、6—联轴器；3—浮动轴；
5—减速器；7—卷筒；8—滑轮组；
9—钢丝绳；10—吊钩；11—制动器

图 8-4　电动机作为驱动
装置的动力源

② 起重机中所使用的轴、联轴器和减速器构成了起重机的传动装置（链）。

联轴器是轴与轴之间的连接件。它不仅能将电动机的转矩通过减速器和联轴器传递到低速轴上，而且还可以调节输入轴与输出轴间由于变形或装配误差所引起的不同心度。

联轴器的型式有很多种，起重机可根据不同的结构需求选用适宜的联轴器。如当被连接的两轴间相距较小时可用 CL 型联轴器（图 8-5）；当被连接的两轴间相距较大时可用 CLZ 型联轴器（图 8-6）。

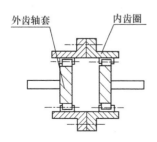

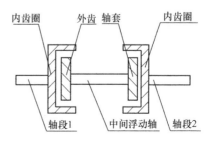

图 8-5　CL 型联轴器图

图 8-6　CLZ 型联轴器

减速器是起重机传动装置（链）中的核心部件。起重机通过减速器一方面可以实现起升或运行速度的改变，另一方面也可以实现力矩的传递。起重机中常用 ZQ 型、QJ 型和 QS（三合一）型减速器。

起重机用减速器有多种形式，如按安装方式分有立式减速器和卧式减速器；按齿轮的齿面硬度分有硬齿面减速器和软齿面减速器；按齿轮的齿形分有直齿轮减速器、斜齿轮减速器和行星齿轮减速器等。直齿轮或斜齿轮减速器在起重机中使用最为普遍。起重机用直齿轮减速器（图 8-7）。

输入轴

齿轮

输出轴

图 8-7 直齿轮减速器

③ 卷绕系统是起升机构不可或缺的重要组成部分。卷绕系统是由卷筒组、滑轮组和钢丝绳等构成。不同种类和品种的起重机都是通过卷绕系统来实现重物在不同高度或深度时的提升和下降的。常见的双吊点钢丝绳卷绕系统（图 8-8）。

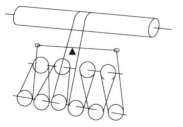

图 8-8 双吊点钢丝绳卷绕系统

2）起升机构的作用非常明确，就是实现物料的上升或下降。

3）起升机构的特点就是可以根据使用需求，实现物料以不同的速度在不同的高度或深度时的上升或下降。

（2）运行机构

运行机构，是使起重机（大车）或起重机小车作水平运动，实现在水平方向上运移物品；同时通过运行机构，可以将所有作用在起重机（大车）或起重小车上的载荷传递给建筑基础；或在空载时调整、变更起重机（大车）和起重机小车的工作位置。

运行机构一般是由电动机、减速器、制动器、传动轴和车轮组组成。运行机构按驱动方式的不同，分为集中驱动和分别驱动两种形式。

1）集中驱动

我国在 20 世纪 80 年代前生产的桥（门）式起重机的运行机构采用的都是集中驱动的方式。集中驱动就是利用一套电动机、制动器和减速器（一套或两套）来完成起重机（大车）或小车运行驱动的方式。

当起重机的运行速度较低时，可采用图 8-9 所示的集中驱动方式。

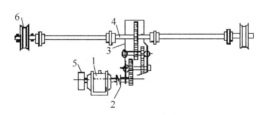

图 8-9　低速集中驱动方式的运行机构

1—电动机；2—联轴器；3—减速器；4—低速轴；

5—制动器；6—车轮组

当起重机的运行速度较高时，可采用图 8-10 所示的集中驱动方式。

运行机构采用集中驱动方式时，虽能保证运行机构两侧运行速度的同步性，但结构较为庞大、装配要求高、运行噪音较大且

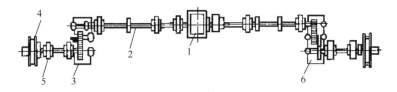

图 8-10　高速集中驱动方式的运行机构

1—电动机；2—传动轴；3、6—减速器；4—车轮组；5—联轴器

制造成本也较高。

2）分别驱动

随着起重机制造水平的不断提高，运行机构集中驱动的方式已经被分别驱动的方式所取代。目前，国内生产的桥（门）式起重机的运行机构采用的都是分别驱动的方式。分别驱动就是利用两套相同型号规格的电动机、制动器和减速器来完成起重机（大车）或小车运行驱动的方式，如图 8-11 所示。

图 8-11　分别驱动方式的运行机构

1—电动机；2—减速器；3—车轮组；4—联轴器

运行机构采用分别驱动方式时，不仅可以减少传动链的长度、降低运行噪音、提高传动效率和运行质量，而且还可以降低装配难度、节约制造成本、增大桥架上的安全使用空间。

第三节　分　　类

市政工程工地和房屋建筑工地用桥（门）式起重机属于桥架

型起重机。桥架型起重机通常按照功能和结构特点进行分类，如图 8-12 所示。

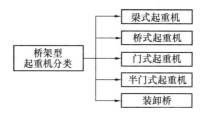

图 8-12　桥架型起重机分类

1. 桥式起重机的分类

这里所描述的桥式起重机，主要是梁式起重机和桥式起重机。

（1）梁式起重机

梁式起重机主要是按照驱动和支承方式、取物装置以及使用场所进行分类的。

1）梁式起重机按驱动和支承方式分类，如图 8-13 所示。

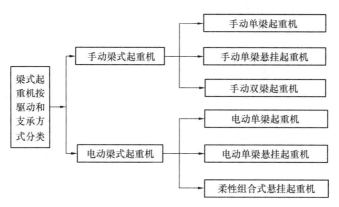

图 8-13　梁式起重机按驱动和支承方式分类

2）梁式起重机按取物装置分类，如图 8-14 所示。

3）梁式起重机按使用场所分类，如图 8-15 所示。

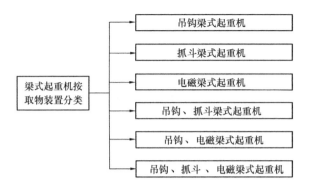

图 8-14　梁式起重机按取物装置分类

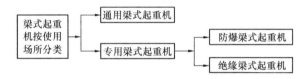

图 8-15　梁式起重机按使用场所分类

（2）桥式起重机

桥式起重机的分类方法和梁式起重机类似，它是按照构造、取物装置以及使用场所来进行分类的。

1）桥式起重机按构造分类，如图 8-16 所示。

2）桥式起重机按取物装置分类，如图 8-17 所示。

3）桥式起重机按使用场所分类，如图 8-18 所示。

2. 门式起重机的分类

这里所描述的门式起重机，主要是门式起重机、半门式起重机和装卸桥。

（1）门式起重机

门式起重机主要是按照构造、悬臂、支承方式、取物装置、使用场所以及起重小车进行分类的。

1）门式起重机按构造分类，如图 8-19 所示。

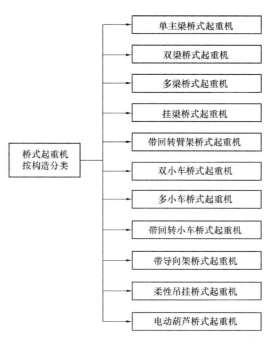

图 8-16　桥式起重机按构造分类

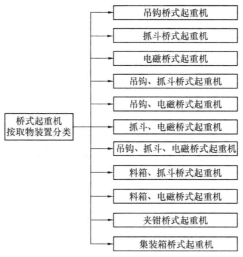

图 8-17　桥式起重机按取物装置分类

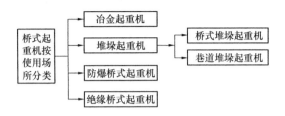

图 8-18　桥式起重机按使用场所分类

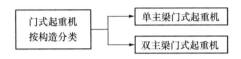

图 8-19　门式起重机按构造分类

2）门式起重机按悬臂分类，如图 8-20 所示。

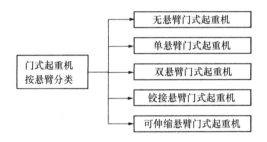

图 8-20　门式起重机按悬臂分类

3）门式起重机按支承方式分类，如图 8-21 所示。

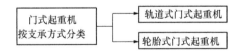

图 8-21　门式起重机按支承方式分类

4）门式起重机按取物装置分类，如图 8-22 所示。

5）门式起重机按使用场所分类，如图 8-23 所示。

6）门式起重机按起重小车分类，如图 8-24 所示。

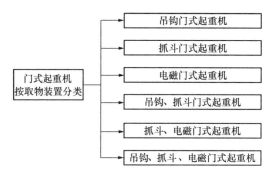

图 8-22　门式起重机按取物装置分类

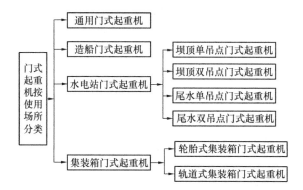

图 8-23　门式起重机按使用场所分类

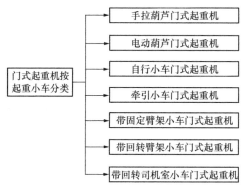

图 8-24　门式起重机按起重小车分类

（2）半门式起重机

半门式起重机是门式起重机的一种特殊形式。将门式起重机一侧的支腿设计制造成桥式起重机的端梁结构时，门式起重机也就成了半门式起重机，如图 8-25 所示。半门式起重机的分类方法与门式起重机相同。

图 8-25　一种形式的半门式起重机

（3）装卸桥

装卸桥分为岸边集装箱起重机和桥式抓斗卸船机两类。

3. 《特种设备目录》中的分类

桥（门）式起重机在国务院《特种设备目录》中的分类，见表 8-1。

特种设备目录中桥（门）式起重机的分类　　　　表 8-1

代码	种类	类别	品种
4000	起重机械		
4100		桥式起重机	
4110			通用桥式起重机
4130			防爆桥式起重机
4140			绝缘桥式起重机
4150			冶金桥式起重机
4170			电动单梁起重机
4190			电动葫芦桥式起重机
4200		门式起重机	

代码	种类	类别	品种
4210			通用门式起重机
4220			防爆门式起重机
4230			轨道式集装箱门式起重机
4240			轮胎式集装箱门式起重机
4250			岸边集装箱起重机
4260			造船门式起重机
4270			电动葫芦门式起重机
4280			装卸桥
4290			架桥机

第四节 主 要 参 数

起重机械的主参数，是表明起重机械性能的指标，也是设计选用各类起重机的主要依据。起重机械的主参数有起重量、跨度、轨距、基距、轮压以及起升高度、下降深度、起升范围、工作速度和工作级别等。

1. 起重量

（1）额定起重量 G_n

额定起重量 G_n 为起重机在正常作业时允许吊起的重物或物料，连同可分吊具或属具（如抓斗、起重电磁铁、平衡梁等）质量的总和，单位为吨（t）。对于幅度可变的起重机，如塔式起重机、汽车起重机、门座起重机等臂架型起重机，其额定起重量是随幅度变化的。其名义额定起重量，是指最小幅度时，起重机安全工作条件下允许提升的最大额定起重量，也称最大起重量 G_{max}。为了能表示在不同范围内的起重量，有时用分数形式来表示，如 15/10/7.5 即表示额定起重量根据不同的范围分为 15t、10t 和 7.5t 三种。

通常情况下所讲的起重量，都是指额定起重量。

为了设计、制造系列标准化，国家制定了基本型最大起重量
系列，见表 8-2。

起重机械基本型最大起重量系列（t）GB/T 783—2013　表 8-2

0.1	1	10	100	1000
		(11.2)	(112)	
0.125	1.25	12.5	125	
		(14)	(140)	
0.16	1.6	16	160	
		(18)	(180)	
0.2	2	20	200	
		(22.5)	(225)	
0.25	2.5	25	250	
		(28)	(280)	
0.32	3.2	32	320	
		(36)	(360)	
0.4	4	40	400	
		(45)	(450)	
0.5	5	50	500	
		(56)	(560)	
0.63	6.3	63	630	
		(71)	(710)	
0.8	8	80	800	
		(90)	(900)	

注：1. 应尽量避免选用括号中的最大起重量参数。

　　2. 最大起重量大于 1000t 时，建议按 R20 优先数系选用。

（2）总起重量 G_t

总起重量，是指起重机能吊起的重物或物料，连同可分吊具
和不可拆分固定在起重机上的吊具或属具（包括吊钩、滑轮组、
起重钢丝绳以及在臂架或起重小车以下的其他起吊物）的质量

总和。

（3）有效起重量 G_p

有效起重量，是指起重机能吊起的重物或物料的净质量。如带有可分吊具抓斗的起重机，允许抓斗抓取物料的质量就是有效起重量，抓斗与物料的质量之和则是额定起重量。

（4）最大起重量 G_{max}

最大起重量，是指额定起重量的最大值。对于幅度可变的起重机，其额定起重量是随幅度而变化的，其最大起重量 G_{max} 是指最小幅度时，起重机安全工作条件下允许的最大额定起重量。

2. 跨度 S

桥架型起重机运行轨道中心线之间的水平距离称为跨度，用字母 S 表示，单位为米（m）。电动桥式起重机的跨度系列已有国家标准，见表 8-3。

3～250t 电动桥式起重机跨度系列 GB/T 790—1995　　　表 8-3

厂房跨度 S_c（m）			9	12	15	18	21	24	27	30	33	36
起重机跨度 S（m）	$G_n \leqslant 50t$	无通道	7.5	10.5	13.5	16.5	19.5	22.5	25.5	28.5	31.5	34.5
		有通道	7	10	13	16	19	22	25	28	31	34
	$63t \leqslant G_n \leqslant 125t$		—	—	—	16	19	22	25	28	31	34
	$160t \leqslant G_n \leqslant 250t$		—	—	—	15.5	18.5	21.5	24.5	27.5	30.5	33.5

注：1. 在同一轨道上同时装设起重量为 50t 以下和 63t 以上的两种起重机时，起重机的跨度值应按 63t 以上的起重机选取。

2. 同一跨间装设两层起重机时，表内的起重机跨度只适用于上层起重机。

3. 沿起重机轨道的两侧必须设有通道时，起重机跨度允许按 0.5m 的倍数减少。

3. 起重机轨距 K

起重机轨距 K 也称起重机轮距，是指桥架型起重机两根钢轨轨道中心线或起重机运行车轮踏面中心线之间的水平距离。

小车轨距 S 是指起重小车运行线路两根钢轨轨道中心线之间的距离。

4. 基距 B

基距 B 是指流动式起重机或行走式起重机沿平行于起重机纵向运行方向测定的起重机支承中心线之间的距离，如图 8-26 所示。

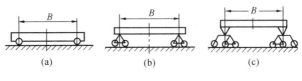

图 8-26　基距 B

5. 轮压 P

轮压 P 是指一车轮传递到轨道或地面上的最大垂直载荷。按工况不同，又分为工作轮压和非工作轮压，单位为牛顿（N）。

6. 起升高度 H、下降深度 h 和起升范围 D

起升高度 H 是指起重机运行轨道顶面或地面到取物装置上极限位置的垂直距离（用吊钩时算到吊钩承索腔的中心，用抓斗或其他取物装置时算到取物装置的底部）；当取物装置可以放到地面或轨道顶面以下时，其下放距离称为下降深度 h。起升高度和下降深度之和称为起升范围 D，单位为米（m）。起升高度用字母 H 表示，下降深度用字母 h 表示，起升范围 D＝H＋h。如图 8-27 所示。

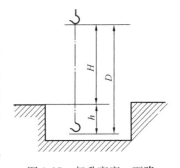

图 8-27　起升高度、下降深度和起升范围

7. 运行速度 V

运行速度 V 也称工作速度，起重机按工作机构的不同可分为很多种。

（1）起升（下降）速度 V_n，是指起重机在稳定运动状态下，额定载荷的垂直位移速度，单位为米/分钟（m/min）。

（2）起重机（大车）运行速度 V_k，是指起重机在稳定运行状态下，起重机在水平路面或轨道上，带额定载荷的运行速度，单位为米/分钟（m/min）。

（3）小车运行速度 V_t，是指起重机在稳定运行状态下，小车在水平轨道上带额定载荷行驶的速度，单位为米/分钟（m/min）。

（4）吊重行走速度，是指在坚硬地面上，起重机吊运额定载荷平稳运行时的速度，单位为米/分钟（m/min）。其与起重机运行速度的主要区别在于运行条件的不同。轮胎起重机设计时要考虑这一指标。

桥（门）式起重机各机构常用的运行速度，见表8-4。

桥（门）式起重机常用运行速度　表 8-4

项目	起重机类型	运行速度（m/min）
起升速度	一般用途起重机	6～25
	装卸用起重机	40～90
	安装用起重机	<1
运行速度	桥式起重机与门式起重机小车	40～50
	装卸桥小车	180～240
	桥式起重机大车	90～120
	门式起重机大车	40～60
	门座式起重机及装卸桥大车	20～30
	轮胎起重机	10～20（km/h）
	汽车起重机	50～65（km/h）

8. 工作级别

起重机的工作级别是表征起重机基本能力的综合参数，它包括：起重机整机、机构以及结构或机械零件的工作级别。

起重机整机的工作级别是根据起重机的使用等级和起升载荷状态级别来划分的，它分为8级，从A1～A8。起重机整机工作级别的划分，见表8-5。

起重机整机工作级别的划分 表 8-5

载荷状态级别	起重机的使用等级									
	U_0	U_1	U_2	U_3	U_4	U_5	U_6	U_7	U_8	U_9
Q_1	A_1	A_1	A_1	A_2	A_3	A_4	A_5	A_6	A_7	A_8
Q_2	A_1	A_1	A_2	A_3	A_4	A_5	A_6	A_7	A_8	A_8
Q_3	A_1	A_2	A_3	A_4	A_5	A_6	A_7	A_8	A_8	A_8
Q_4	A_2	A_3	A_4	A_5	A_6	A_7	A_8	A_8	A_8	A_8

起重机机构的工作级别是根据机构的使用等级和机构的载荷状态级别来划分的，它分为 8 级，从 $M_1 \sim M_8$。起重机机构工作级别的划分，见表 8-6。

起重机机构工作级别的划分 表 8-6

载荷状态级别	机构载荷谱系数 K_m	机构的使用等级									
		T_0	T_1	T_2	T_3	T_4	T_5	T_6	T_7	T_8	T_9
L_1	$K_m \leqslant 0.125$	M_1	M_1	M_1	M_2	M_3	M_4	M_5	M_6	M_7	M_8
L_2	$0.125 < K_m \leqslant 0.250$	M_1	M_1	M_2	M_3	M_4	M_5	M_6	M_7	M_8	M_8
L_3	$0.250 < K_m \leqslant 0.500$	M_1	M_2	M_3	M_4	M_5	M_6	M_7	M_8	M_8	M_8
L_4	$0.500 < K_m \leqslant 1.000$	M_2	M_3	M_4	M_5	M_6	M_7	M_8	M_8	M_8	M_8

起重机结构或机械零件的工作级别是根据起重机结构或机械零件的使用等级和应力状态级别来划分的，它分为 8 级，从 $E_1 \sim E_8$。起重机结构或机械零件工作级别的划分，见表 8-7。

起重机结构或机械零件工作级别的划分 表 8-7

应力状态级别	使用等级										
	B_0	B_1	B_2	B_3	B_4	B_5	B_6	B_7	B_8	B_9	B_{10}
S_1	E_1	E_1	E_1	E_1	E_2	E_3	E_4	E_5	E_6	E_7	E_8
S_2	E_1	E_1	E_1	E_2	E_3	E_4	E_5	E_6	E_7	E_8	E_8
S_3	E_1	E_1	E_2	E_3	E_4	E_5	E_6	E_7	E_8	E_8	E_8
S_4	E_1	E_2	E_3	E_4	E_5	E_6	E_7	E_8	E_8	E_8	E_8

第五节　主要零部件

起重机中所使用的零部件很多，这里重点介绍一些主要的零部件，如金属结构、钢丝绳、车轮与轨道、卷筒、滑轮和制动器、联轴器及部分取物装置等。

1. 金属结构

金属结构是以金属材料轧制成的型钢及钢板作为基本元件，采用铆、焊、栓接等连接方法，按照一定的结构（而非机构）组成规则连接构成能够承受载荷的结构物。

金属结构作为起重机的骨架，承受和传递起重机负担的各种工作载荷、自然载荷以及自重载荷。如桥（门）式起重机的起升载荷是通过起重小车的车轮传递给主梁，主梁再传递给端梁，端梁再通过大车车轮传递给轨道，最终由轨道传递到轨道梁的基础来完成载荷的传递。

金属结构是起重机的重要组成部分，起到骨架的作用，其重量约占起重机整机重量的 60%～80%，许多起重机是以金属结构的外形命名的，如桥式起重机、门式起重机、门座式起重机、塔式起重机和桅杆起重机等。

（1）金属结构的基本要求

起重机械的金属结构因需要能承受较大的载荷，为此，金属结构应需具备以下的基本要求。

1）力学性能。金属结构必须保证要有足够的承载能力，也就是应保证有足够的强度（静强度、疲劳强度）、刚度（静态刚度、动态刚度）和稳定性（整体稳定性、局部稳定性、单肢稳定性）。

2）工作性能。金属结构应满足工作要求，使用方便。如门式起重机的门架，应有足够的高度和空间，以保证装卸作业的方便和安全。门架高度太小，会限制起升高度和起升速度；过腿空间狭窄，会使起吊物品通过支腿架时发生干涉，影响操作视野，降低起重机的使用效率。

3）节材性能。金属结构的轻量化，可以节省材料和资源。由于金属结构要承载较大的载荷，所以，金属结构的质量在起重机的整机质量中占有较大的比重（约占整机质量的60%～80%），因此，减轻金属结构的自重，不仅可以节约钢材和能耗，而且还能减轻机构的负荷和支承基础及建筑物的造价，也为运输提供了方便。

4）工艺性能。要有较好的制造工艺性，这样才能方便专业化、机械化生产，降低制造成本，提高生产效率。

5）装运性能。金属结构应能安装快捷、便于运移、方便维修。金属结构往往都比较庞大，设计时应考虑运输条件，尤其是起重机的桥架、门架常常需要分段或整体运输，水平组装，整体起放。因此，必须要有合理的结构以满足运输和安装方便的要求。

6）美学性能。金属结构应注重人机系统工程，造型要美观大方，色彩要调配合理，要追求宜人化和人—机—环境的协调。

7）绿色性能。金属结构应考虑全寿命周期内的节能降耗与环境保护。

8）安全性能。金属结构应从设计层面考虑保证起重机的本质安全，提供安全运行的硬件保证。如安全装置的设计与配置，关键零部件的可靠性以及剩余寿命的评估。

上述基本要求既相互联系又相互制约，金属结构首先要保证坚固耐用和使用性能，其次再考虑减轻自重，节约材料，降低成本及运输维修等问题，最后再考虑外形美观。

（2）金属结构的分类

起重机械的金属结构常按以下6种方法分类。

1）按照金属结构的构造分类

按构造分类，金属结构可分为格构（桁架）结构和实腹（板梁）结构。

格构（桁架）结构由二力杆件连接而成，其特点是杆件长度尺寸较大，而截面尺寸较小。格构结构用型钢制成，多做成桁架和格构柱，如塔式起重机的起重臂和塔身都是桁架结构，如图 8-28所示。

实腹（板梁）结构由薄板焊接而成，其特点是长度和宽度尺寸较大，而厚度较小。因此，实腹（板梁）结构又称为薄壁结构，

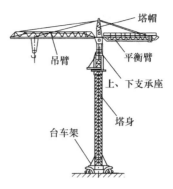

图 8-28 塔式起重机的桁架臂和塔身

如工字形梁、箱形梁和箱形柱等。如桥（门）式起重机的箱形主梁和门式起重机的变截面箱形支腿都是实腹（板梁）结构，如图8-29 所示。

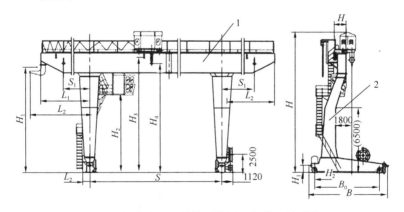

图 8-29 门式起重机的箱形主梁和变截面箱形支腿
1—箱形主梁；2—变截面箱形支腿

实腹结构自重较大，制造方便；格构结构自重较小，但制造工艺复杂。一般情况下，承载较大、尺寸较小时采用实腹结构，而承载较小、尺寸较大时采用格构结构。实腹结构和格构结构是起重机金属结构中最常用的结构形式。

2）按照金属结构的外形分类

按外形分类，金属结构可分为桥架结构、门架结构、臂架结构和塔架结构。

桥架结构如桥式起重机的主梁和端梁组成的桥架结构，如图8-30所示；门架结构如门式起重机的主梁和支腿组成的门架结构，如图8-31所示；臂架结构如门座式起重机的起重臂，如图8-32所示；塔架结构如塔式起重机的塔身，如图8-28所示。

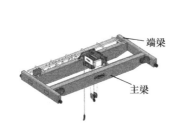

图 8-30 桥式起重机的桥架结构

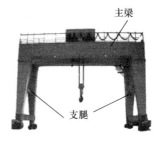

图 8-31 门式起重机的门架结构

图 8-32 门座式起重机的臂架结构

3）按照组成金属结构构件之间连接方式分类

按连接方式分类，金属结构可分为铰接结构、刚接结构和混合结构。

铰接结构中，所有节点都是理想铰，而实际的金属结构真正采用铰接连接的相当少。通常在桁架结构中，杆件主要承受轴向力，而受弯矩很小，可采用铰接连接。

刚接结构构件间的节点承受较大的弯矩。如门式起重机支腿与主梁间的节点，既有铰接的（柔性），也有刚接的（刚性）。

混合结构是兼有铰接和刚接节点的结构。如电动葫芦梁式起重机的主梁，可做成桁架和梁混合的桁构结构，如图 8-33 所示。门座式起重机的象鼻梁也是桁构结构。

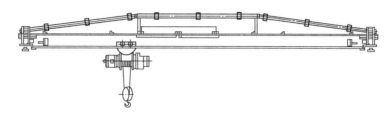

图 8-33　电动葫芦梁式起重机的桁构结构

4）按照作用载荷与结构空间相互位置分类

按照相互位置分类，金属结构可分为平面结构和空间结构。

平面结构的作用载荷和结构各杆件的轴线是位于同一平面内的。

当结构杆件的轴线不在同一平面内，或结构杆件的轴线虽在同一平面内，但外载荷作用于结构平面外时均为空间结构。

5）按照金属结构受力特征分类

按照受力特征分类，金属结构可分为受弯构件、轴心受力构件、压弯构件、受扭构件和弯扭构件等。

受弯构件主要承受弯矩，如梁和桁架。

轴心受力构件主要承受轴向力，如受压轴、受轴向拉力的轴。

压弯构件同时承受轴向压力和弯矩，它是一种偏心受力构件，如臂架和塔架。

受扭构件主要承受扭转力矩，如塔式起重机的塔架。

弯扭构件同时承受弯矩和扭矩，如承受偏心载荷作用的桥式起重机的主梁。

6）按照基本元件之间连接方式分类

按照连接方式分类，金属结构可分为螺栓连接、铆钉连接和焊缝连接。

金属结构的基本元件是厚度不同的钢板和各种型钢。元件与元件之间、部件与部件之间通常用螺栓、铆钉和焊缝连接。由这些基本元件组成金属结构的构件——梁、柱、桁架等，再由构件组成金属结构整体。

焊缝连接不仅简化了结构，缩短工时，而且还大大减轻了自重，因此在起重机金属结构中得到了广泛应用。螺栓连接工艺性好，拆卸方便，应用广泛，铆钉连接由于自重大、制造工时多等缺点，应用渐少，但由于铆接安全可靠，对受冲击大的重型结构的某些部位仍然需要使用铆钉连接的构造。

（3）桥（门）式起重机金属结构的常见形式

桥（门）式起重机中的金属结构主要是桥架和门架。

1）桥架

桥架是供起重小车在其上横向移动用的主要承载结构，对桥式起重机来说，它是由主梁与端梁组合而成的结构件；对门式和半门式起重机而言，它则是连接两支腿的中间结构件。

桥架主要由（纵向的）主梁和（横向的）端梁组成。根据主梁结构，将桥架型式分为单梁式桥架、双梁式桥架和四桁架式桥架。

① 单梁式桥架

单梁式桥架是一种小型轻便的桥架，适用于小跨度与小起重量的桥式起重机，其起重小车多为电动葫芦。单梁式桥架的结构型式又分为单工字钢桥架，封闭截面的单梁式桥架以及桁构梁式单梁桥架等，如图 8-34 和图 8-35 所示。

当跨度不大于 11m 时，可用单根的轧制工字钢作承载梁，如图 8-34(a)、(b)，其结构轻巧，制造方便，但承载能力低，刚

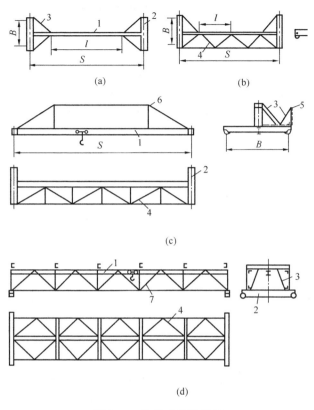

图 8-34　格构式单梁桥架

1—工字钢梁；2—端梁；3—隔支撑（斜支撑）；4—水平桁架；

5—副桁架；6—加强上弦和支杆；7—垂直桁架

性较差。当跨度为 12～17m 时，用水平桁架来加强工字钢水平刚性，如图 8-34(c) 所示，以提高其刚性及承载能力。当跨度大于 17m 时，采用桁架梁式桥架已不能满足要求，则需要用对称的两片垂直桁架作为主要承载构件，两片垂直桁架采用若干个小横梁连接，工字梁上翼缘固定在横梁上，工字梁下翼缘悬挂电动葫芦，工字梁上的载荷通过横梁传给两片垂直桁架，两桁架的上弦平面组成水平桁架以增加桥架的水平刚性。垂直桁架加强的梁式桥架具有重力轻、净空大（能充分利用两桁架之间的净空提高起重机的起升高度）等优点，故在某些工厂企业的车间仍广为采用，其结构简图，如图 8-34(d) 所示。

20 世纪 70 年代初，我国研制出新的单梁结构型式，即封闭式单梁桥架，如图 8-35 所示，其中模压封闭截面桥架（图 8-35a）是以薄钢板模压成型后，与工字钢一起承受载荷的桥架，在不改变葫芦小车运行机构的情况下，其主梁具有较大的抗弯、抗扭刚度，从而提高了结构承载能力。桥架是由主梁和端梁组成，主梁端部与端梁改用螺栓连接，减少了连接部件数量，节约运输存放空间。这种结构已成为系列产品（LD 型），跨度为 7～22.5m，起重量 1～16t，共有 100 余种规格，是国内主要的单梁式桥架型式。

模压截面需有专用冲压设备，为减少设备投资，曾用圆管或钢板焊接封闭截面代替，制造了钢板焊接封闭截面桥架（图 8-35b）和圆管封闭截面桥架（图 8-35c），前者在额定起重量大于 20t 的单梁起重机中得到广泛应用，而后者因结构材料分布不够合理、制作工艺复杂而未能得到推广。

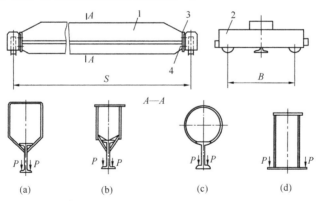

图 8-35　封闭截面单梁式桥架

当对单梁桥式起重机的水平刚度有要求时，采用箱形截面桥架（图 8-35d）。由于这种箱形梁下翼缘板承受小车轮压，故采用加宽、加厚的下翼缘板，以增大水平刚度，起重量可增大到16t，电动葫芦运行小车可根据需要配制。这种封闭式单梁式桥架，主、端梁采用可拆式螺栓连接，用薄板焊接代替桁架焊接结构，从而改进了制作工艺，节省了工时，使梁单元的存放、运输更加便利，克服了格构式单梁桥架的不足，是一种新型的结构型式。

②双梁桥架

双梁桥架结构也有很多种，归纳起来可分箱形双梁桥架、桁架双梁桥架及板梁桁架混合式双梁桥架等。

箱形双梁桥架中的普通箱形梁桥架，又称中轨箱形梁桥架（图8-36、图8-37a）用得最普遍。在此基础上，近些年来又发展了一些新型的箱形梁桥架，如预应力箱形梁桥架，见图8-37（b），偏轨箱形梁桥架，见图8-37（c），偏轨空腹箱形梁桥架，见图8-37（d）等。

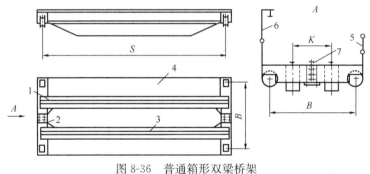

图 8-36　普通箱形双梁桥架

1—主梁；2—端梁；3—轨道；4—走台；5—栏杆；

6—小车导电架；7—端梁接头

桁架式双梁桥架比较普遍地采用封闭型四桁架式桥架，截面见图8-37（e）。另外还有三角形截面的桁架式桥架，见图8-37（f）。

板梁—桁架混合式双梁桥架有闭式截面和开式截面两种，因市场上已很少采用，在这里不做赘述。除此以外，国内外还在不断研究和开发其他型式的桥架，在此也不一一列举了。

95

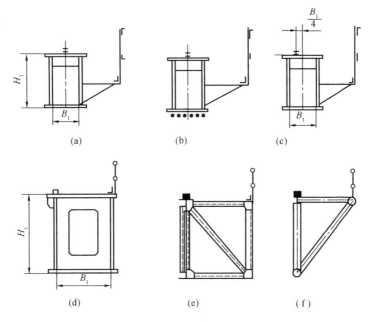

图 8-37　通用桥式起重机半桥架截面型式

（a）正轨箱形梁；（b）预应力箱形梁；（c）半偏轨箱形梁；（d）偏轨空腹箱形梁；

（e）矩形桁架式桥架；（f）三角形桁架式桥架

2）门架

起重机的桥架装设有支腿时，便形成了起重机的门架，由于各行业对门式起重机的使用和性能要求不同，就出现了各种不同的门架结构构造形式。下面就门架结构中的桥架结构和支腿结构的主要结构型式以及它们之间的连接方式做简单介绍。

① 门架的结构型式

门架的结构型式按有无悬臂情况可分为无悬臂（图 8-38a）、单悬臂（图 8-38b）和双悬臂（图 8-38c）三种。悬臂大部分是固定的，但有的是可以仰俯摆动的，主要用于装卸桥和岸边集装箱门式起重机。

按主梁截面形式分为三角形桁架截面，三角形箱形截面，矩

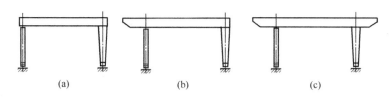

图 8-38　门架的结构型式

（a）无悬臂；（b）单悬臂；（c）双悬臂

形桁架截面，矩形箱形截面，矩形（板梁、桁架）混合截面，梯形桁架截面和梯形箱形截面等，统称为闭式单"梁"结构（图8-39、图8-40c、图8-40d、图8-40e、图8-40f和图8-40g）；Ⅱ形桁架截面，Ⅱ形板梁截面，U形桁架和其他型式的开口截面等，统称为开式单"梁"结构（图8-39）；双三角形桁架截面、双矩形桁架截面、双矩形混合截面和双矩形箱形截面等，统称为双"梁"结构。

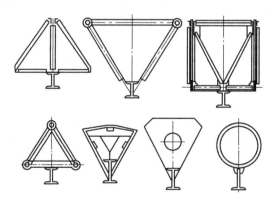

图 8-39　电动葫芦单梁起重机主梁截面

　　按桥架配备拉杆的情况分为无拉杆式、固定拉杆式和折叠拉杆式，固定拉杆式用于加强梁的强度和刚性，折叠拉杆式用于支撑可摆动的悬臂。

　　② 支腿的结构型式

　　按支腿的配置情况分为单支腿，双支腿和高矮支腿三种。单

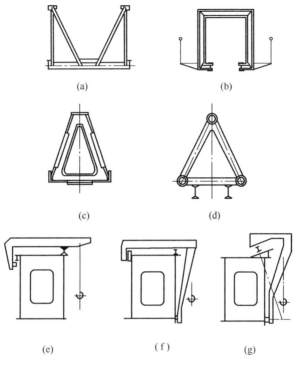

图 8-40　小车式单梁起重机主梁截面型式

支腿的门式起重机又称为半门式起重机，其无支腿一侧的大车行
走机构沿铺设在厂房、仓库等起重机专用轨道或特设的高架桥轨
道上运行。具有高矮支腿的起重机是为适应地形要求或特殊要求
而专门设计的。当门式起重机两侧支腿的最大腿压（或基础的许
用轮压）相差甚大，且需要采用不同层数的运行台车时，也可以
采用高矮支腿的方案。

　　按支腿性质分：有空间刚性支腿（图 8-38 的右侧支腿）和
平面柔性支腿两种（图 8-38 的左侧支腿）。空间刚性支腿具有良
好的空间刚性，既能承受支腿平面内的水平载荷（起重机横向水
平载荷），又能承受门架平面内的水平载荷（起重机的纵向水平
载荷）；柔性支腿在门架平面内（垂直于支腿平面方向）的刚性

很差，因此只能承受支腿平面内的水平载荷。大跨度（跨度大于40m）的门式起重机常采用一个刚性支腿，一个柔性支腿，以防止因温度变化而产生的卡轨现象，如图8-41所示。

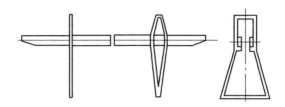

图 8-41　门式起重机刚性支腿与柔性支腿（双梁门式起重机）

按支腿形式分：有 L 形、C 形、O 形和 U 形等箱形开式支腿；有小车通道和没有小车通道的实腹闭式支腿和箱形闭式支腿等。L 形和 C 形支腿主要用于单主梁门式起重机，如图 8-42所示，O 形和 U 形支腿用于双梁门式起重机，如图 8-43 所示，其中，U 形支腿在轮胎式集装箱式门式起重机中应用广泛。没有小车通道的闭式支腿，用于无悬臂的门式起重机。有小车通道的闭式支腿主要用于双梁门式起重机（图 8-43）和单轨门式起重机（图 8-44）。支腿的构造形式与桥架的构造形式应协调一致。

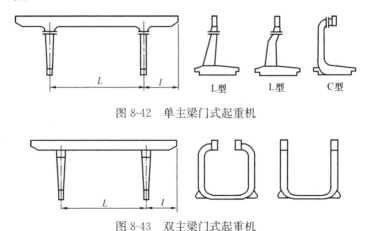

图 8-42　单主梁门式起重机

图 8-43　双主梁门式起重机

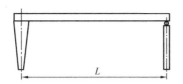

图 8-44 单主梁门式起重机

③ 支腿和桥架的连接

支腿和桥架的连接既有刚性连接，又有铰接连接。刚性连接常采用焊接连接或螺栓连接。铰接连接则常采用垂直柱销与刚性

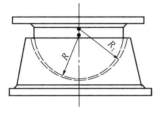

图 8-45 球铰连接

支腿铰接，这种连接允许桥架相对于刚性支腿绕铅垂轴转动，但仍保持绕其他两根（水平）轴相对转动的约束和三个方向相对移动的约束。柔性支腿的铰接连接常采用水平销轴连接和球铰（图 8-45）加带腰圆孔的垂直销轴连接。

2. 主要机械零部件

（1）钢丝绳

钢丝绳是起重机械的重要零件之一。它具有强度高、挠性好、自重轻、运行平稳、极少突然断裂等优点，因而被广泛应用于起重机的起升机构、变幅机构、牵引机构，也可用于旋转机构。它还用作捆绑物体的司索绳、桅杆起重机的张紧绳、缆索起重机和架空索道的承载索等。

钢丝绳是由一定数量的钢丝和绳芯经过捻制而成。首先将钢丝捻成股，然后将若干股围绕着绳芯制成钢丝绳，如图 8-46 所示。钢丝是钢丝绳的基本强度单元。起重机用钢丝绳的强度一般为 $1400\sim1700\text{N/mm}^2$ 之间。绳芯是被绳股所缠绕的挠性芯棒，绳芯有金属绳芯和纤维绳芯两种。钢丝绳采用金属绳芯时，一般都使用在非常重要场所的起重机（如吊运熔融金属的铸造起重机）的起升机构中。绳芯对钢丝绳的绳股除起到支撑和固定的作用外，还可以储存润滑脂，以增加钢丝绳的挠性和使用寿命。

起重机起升机构的钢丝绳必须选用重要用途的钢丝绳。

（2）车轮与轨道

1）车轮是构成起重机和起重机小车运行机构的一个组成部件。

起重机车轮多用铸钢制造，一般采用 ZG310-510 以上的铸钢。小尺寸车轮也可以用锻钢制造，一般用不低于 45 号的优质钢。对轮压小于 50kN，运行速度小于 30m/min 的车轮，也可采用铸铁制造，其表面硬度为 HB180～240。

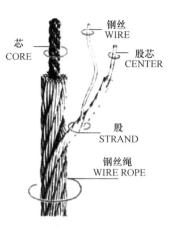

图 8-46　钢丝绳结构

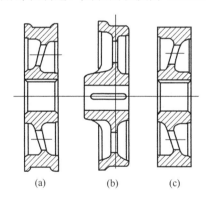

图 8-47　车轮轮缘形式
（a）双轮缘；（b）单轮缘；（c）无轮缘

车轮按轮缘形式可分为三种类型，如图 8-47 所示。

① 双轮缘车轮轮缘高为 25～30mm。轮缘的作用是导向和防止脱轨。双轮缘车轮常用于桥、门式起重机和门座式起重机的大车走行轮，直径大于 500mm 的小车车轮也采用这种型式。

② 单轮缘车轮轮缘高为 20～25mm，多用于直径小于 500mm 的起重机小车走行轮，这是因为小车架跨度小，刚性好，不易脱轨。安装时应使具有轮缘的一端布置在轨道的外侧。

③ 车轮轮缘与轨道摩擦是无法避免，常由此而产生啃轨现象，加速轮缘的磨损与车轮的报废，也使轨道严重磨损。采用无

轮缘车轮可以解决这一问题。但这种车轮运行时容易脱轨,因而使用范围受到限制,常需与水平轮配用以防脱轨。这种方式,以水平轮导向运行代替轮缘导向运行,将轮缘与轨道侧面的滑动摩擦,变为水平轮与轨道侧面的滚动摩擦,减小了运行阻力,提高了车轮的寿命。在圆形轨道上运行的起重机车轮,因有中心转轴的约束,可采用这种形式的车轮。

车轮按与之配合的轨道种类可分为在钢轨上行走的轨上行走式车轮、在工字钢下翼缘上行走的悬挂式车轮和在承载索上行走的半圆槽滑轮式车轮。

车轮按踏面形状分有圆柱形、圆锥形和鼓形车轮三种,如图 8-48 所示。圆柱形车轮多用于从动轮,也可用于驱动轮。圆锥形车轮用作起重机大车驱动轮,常用锥度为 1∶10,安装时应将车轮直径大的一端安装在跨度内(正锥法安装),使得运行平稳,自动走直效果好。鼓形车轮踏面为圆弧形,主要用于电动葫芦悬挂小车和圆形轮道起重机,用以消除附加阻力和磨损。

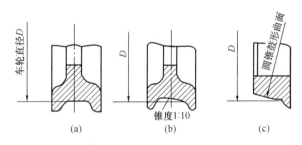

图 8-48 车轮踏面形式

(a)圆柱形;(b)圆锥形;(c)圆锥鼓形

车轮的大小主要根据轮压决定,轮压增加,直径也应变大。但不能过大,一是增加费用和材料消耗,二是车轮转速变低,使传动机构复杂。因此,常用增加车轮数目的方法解决轮压过大的问题。为了使各轮轮压分布均匀,当车轮数目超过 4 个时,须采用铰接均衡车架。

2）轨道用来承载起重机车轮传递来的集中载荷，并引导车轮运行。起重机轨道一般采用标准的型钢（如方钢）或钢轨。起重机的轮压较小时，通常采用 P 型铁路钢轨，轮压较大时，则采用 QU 型起重机专用钢轨。

轨道的型式除应满足车轮的要求外，还应考虑其固定方式。

（3）卷筒

在起重机的起升机构或牵引机构中，卷筒是用来卷绕钢丝绳、传递动力，并把旋转运动转变为直线运动的一个机械零部件。

起重机上的卷筒多为圆柱形。卷筒两端，多以幅板支承。幅板中央有孔，中间有轴。轴分两种，一种为一根贯通的长轴，另一种为卷筒两端各有一根短轴。根据轴是否可旋转，分为转轴式或定轴式两种。

卷筒按照表面加工情况，分为无螺旋槽的光面卷筒和加工有螺旋槽的卷筒，桥（门）式起重机中都使用加工有螺旋槽的卷筒，如图 8-49 所示。

卷筒按照绕绳层数，分为单层绕和多层绕两种。桥架型起重机多用单层绕卷筒，卷筒表面通常加工出螺旋槽，增加钢丝绳的接触面积，保证钢丝绳排列整齐，并防止相邻钢丝绳互相摩擦，从而提高钢丝绳的使用寿命。

图 8-49　加工有螺旋槽的卷筒

多层绕卷筒多用于起升高度很大或结构尺寸受限制的地方，如汽车起重机，常制成不带螺旋槽的光面卷筒，钢丝绳可以紧密排列。但实际作业时，钢丝绳排列零乱，互相交叉挤压，钢丝绳使用寿命降低。

如果没有脱槽的危险，单层绕卷筒的两端没有侧边。多层绕卷筒为挡住钢丝绳脱出，两端必须有侧边、其高度比最外层钢丝绳高 2d（d 为钢丝绳的公称直径）。

卷筒一般采用不低于 HT20-40 的铸铁制造，重要的卷筒可采用球墨铸铁，很少采用铸钢，因为工艺要求与成本都高，壁厚因铸造工艺要求不能薄，故弊多利少。大型卷筒多用 Q235 钢板弯卷成筒状焊接而成，可大大减轻重量。

（4）滑轮

滑轮的主要作用是用来改变钢丝绳的运动方向和达到省力的目的。此外，也可用作均衡滑轮，以均衡两支钢丝绳的张力。

滑轮按其轴线是否运动，分为动滑轮和定滑轮。只是利用滑轮的传动来平衡钢丝绳张力的是均衡滑轮。

滑轮按制造工艺的不同，分为铸造滑轮、锻造滑轮、焊接滑轮和压制滑轮四种。

滑轮通常采用灰铸铁、球墨铸铁、铸钢、铝合金以及尼龙或 Q235 钢制造。

滑轮一般由带绳槽的轮缘、轮辐和轮毂组成。滑轮的槽形是由一个圆弧形的槽底与两个倾斜的侧壁组成，如图 8-50 所示。

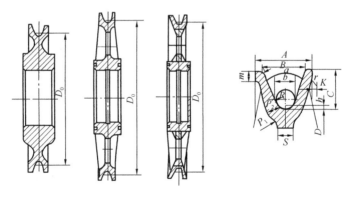

图 8-50　滑轮构造

（5）制动装置

制动装置又称制动器。起重机中所使用的制动装置通常有：常闭式、常开式和综合式三种型式。

对动力驱动的桥（门）式起重机，如起升机构、运行机构都应装设可靠的制动装置（液压缸驱动的除外）；当机构要求具有载荷支持作用时，应装设机械常闭式制动器。在运行机构的传动装置中有自锁环节的特殊场合，如能确保不发生超过许用应力的运动或自锁失效，也可以不用制动器。目前，桥（门）式起重机上各机构的制动装置多数采用机械常闭式制动器。

机械常闭式制动器是指机构不工作或故障失电时制动器制动（抱闸），机构运转时制动器松闸。起重机运行时，依靠电磁力或液力使制动器松闸；起重机制动时，依靠机械力（主要是制动弹簧所产生的力）或液力的作用，使制动闸瓦与制动轮摩擦而产生制停力矩。为此，这种制动器通常又称为电磁制动器或液压制动器。

对于吊钩起重机，起吊物在下降制动时的制动距离（控制器在下降速度最低档稳定运行，拉回零位后，从制动器断电至物品停止时的下滑距离）不应大于 1min 内稳定起升距离的 1/65。

操纵制动器的控制装置，如踏板、操纵手柄等，应有防滑性能。手施加于操纵控制装置操纵手柄的力不应超过 160N，脚施加于操纵控制装置脚踏板的力不应超过 300N。制动器应便于检查，常闭式制动器的制动弹簧应是压缩式的，制动器应可调整，制动衬片应能方便更换。制动衬垫的磨损应有自动补偿的功能。

起重机上采用的制动器，按其构造形式分为块式制动器、带式制动器、盘式制动器和圆锥式制动器等。

1）块式制动器

起重机上使用的块式制动器，根据其推动方式的不同分为电磁块式制动器和电力液压块式制动器两种。

① 电磁块式制动器

电磁块式制动器根据其工作行程的不同，分为短行程电磁块式制动器和长行程电磁块式制动器两种。短行程电磁块式制动器的驱动装置为单相电磁铁，如图 8-51 所示。短行程电磁块式制动器的工作原理，如图 8-52 所示。

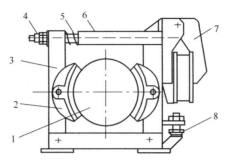

图 8-51 短行程电磁块式制动器

1—制动轮；2—制动瓦块；3—制动臂；

4—调整螺母；5—副弹簧；6—拉杆；

7—电磁铁；8—调整螺栓

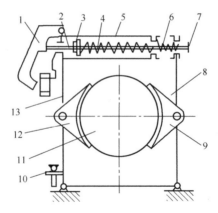

图 8-52 短行程电磁块式制动器工作原理图

1—电磁铁；2—推杆；3—锁紧螺母；4—弹簧；5—框形拉杆；

6—副弹簧；7—调整螺母；8—右制动臂；9—右制动瓦块；

10—调整螺栓；11—制动轮；12—左制动瓦块；13—左制动臂

　　长行程电磁块式制动器的驱动装置为三相电磁铁，电磁铁通过杠杆系统来推动杠杆角板，带动制动臂和制动瓦块动作。与短行程电磁块式制动器相比，在结构上有所改进，除了弹簧所产生的制动力矩外，还有一套杠杆系统来增大制动力矩，制动力矩稳定，制动效果较好，如图 8-53 所示。

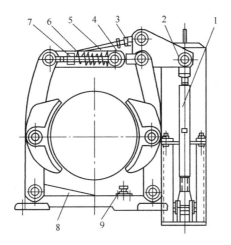

图 8-53　长行程电磁块式制动器

1、5—螺杆；2、3—螺母；4—拉杆；6—主弹簧；

7—锁紧螺母；8—底架；9—螺栓

② 电力液压块式制动器

起重机上除使用电磁块式制动器外，还经常使用电力液压块式制动器，如图 8-54 所示。它的驱动装置为液压推动器，其制动力也是来自主弹簧。电力液压块式制动器的推动器，如

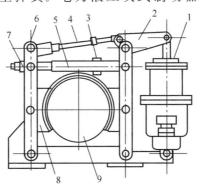

图 8-54　电力液压块式制动器

1—液压电磁铁；2—杠杆；3—挡板；4—螺杆；5—弹簧架；

6—制动臂；7—拉杆；8—瓦块；9—制动轮

图 8-55 所示。电力液压块式制动器同电磁块式制动器相比，具有结构紧凑、制动平稳可靠、噪声小、允许开闭次数多以及成本低、寿命长等优点。

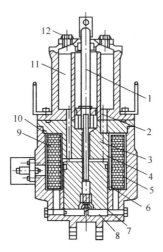

图 8-55　电力液压块式制动器的推动器
1—推杆；2—活塞；3—静铁芯；4—线圈；5—垫；
6—动铁芯；7—下阀片；8—下阀座；9—齿形阀；
10—齿形阀片；11—油缸；12—放气螺栓

2）带式制动器

带式制动器在桥（门）式起重机中是不常见的，其原因在于带式制动器的制动力矩是带有方向性的，另外，其制动力矩也是不稳定的。带式制动器仅适用于某些种类起重机的特定机构上。带式制动器的结构，如图 8-56 所示。

3）圆盘式制动器

圆盘式制动器是一种利用制动（摩擦）片作用于制动盘（片）两端表面的制动器。制动片通常分为两组，分别对称装设在制动盘（片）的内外两端表面，制动片在电磁铁所产生的轴向力的作用下与制动盘（片）间产生制动力矩，并使运动的机构停止，如图 8-57 所示。

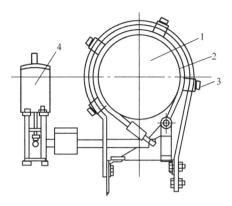

图 8-56　带式制动器

1—制动轮；2—制动带；3—限位螺钉；4—电磁铁

4）圆锥式制动器

桥（门）式起重机的起升机构采用电动葫芦时，在电动葫芦的端部就装设有圆锥式制动器，如图 8-58 所示。这种制动器的最大优点是与电动葫芦的电动机直接连接在一起，结构紧凑、制动可靠，噪声小。

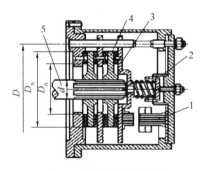

图 8-57　圆盘式制动器

1—电磁铁；2—弹簧；3—静制动片；
4—动制动片；5—电动机轴

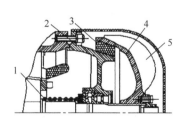

图 8-58　圆锥式制动器

1—弹簧；2—制动轮；
3—制动环；4—锥形制
动盘；5—风扇轮

（6）联轴器

联轴器是轴与轴之间的连接件。它不仅能将电动机的转矩通过减速器和联轴器传递到低速轴上，而且还可以调节输入轴与输出轴间由于变形或装配误差所引起的不同心度。

联轴器的型式有很多种，有齿轮联轴器、柱销联轴器、万向节联轴器和制动轮联轴器等。在不同种类和品种的起重机中这几种型式联轴器都有所使用。下面我们着重介绍一下制动轮联轴器。

制动轮联轴器有两种型式，一种是刚性制动轮联轴器，如图8-59所示；另一种是弹性制动轮联轴器，如图8-60所示。弹性制动轮联轴器由于装配和调整的方便性而被广泛地使用。

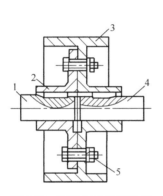 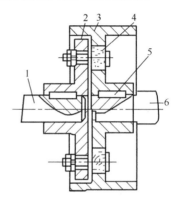

图 8-59　刚性制动轮联轴器　　　图 8-60　弹性制动轮联轴器
1—电动机输出轴；2—轴接手；　　1—电动机输出轴；2—轴接手；
3—制动轮；4—减速箱输入轴；　　3—制动轮；4—弹性橡胶圈；
　　　　5—螺栓　　　　　　　　　　5—键；6—减速箱输入轴

起重机使用制动轮联轴器至少有三个优势，一是制动轮联轴器同其他型式的联轴器一样，也能传递转矩、调节输入轴与输出轴同心度和连接两个不同的部件的作用；二是利用一套装置实现两个功能（连接与制动）；三是可以使传动装置结构紧凑、制造成本降低。

3. 取物装置

取物装置通常也称为吊具。起重机利用取物装置来抓取或搬运物料。常见的取物装置有：吊钩、起重电磁铁和抓斗等，其中，吊钩使用最为广泛。除常见的取物装置外，还有专用取物装置，专用取物装置常用于特殊的场合来抓取或搬运特定的物料，如核电站起重机用于抓取核燃料或废料、冶金行业用于吊运炽热金属的夹钳等都属于专用取物装置。

（1）吊钩

吊钩通常与滑轮组合形成吊钩组使用，吊钩组就是吊钩与动滑轮、滑轮轴、吊钩横梁、轭板及侧板等形成的组合体，如图 8-61 所示。

吊钩组有长型和短型之分，如图 2-62 所示。长型吊钩组采用普通的钩柄较短的短吊钩，支承在吊钩横梁上，滑轮支承在单独的滑轮轴上。它的高度较大，使有效起升高度减小。

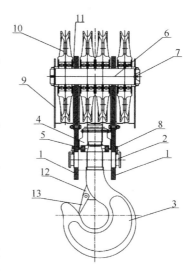

图 8-61　吊钩组

1—轭板；2—吊钩横梁；3—吊钩；4—吊钩螺母；5—平面轴承；6—滑轮轴；7—油塞；8—防转螺母；9—侧板；10—动滑轮；11—隔套；12、13—防脱钩装置

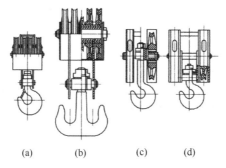

图 8-62　长型吊钩组和短型吊钩组

(a)、(b) 长型吊钩组；(c)、(d) 短型吊钩组

短型吊钩组过去采用长吊钩。这种吊钩组的滑轮直接装在吊钩横梁上，高度大大减小，但只能用于双倍率滑轮组。因为单倍率滑轮组的均衡滑轮在下方，只有用长型吊钩组才能安装这个均衡滑轮。现在生产的短型吊钩组（图8-62d）在结构上类似长型吊钩组，但具有短型的特点。短型吊钩组只能用于较小的滑轮组倍率。当倍率较大时，滑轮数目增多，吊钩横梁过长，因而弯曲力矩过大，使吊钩自重过大。因此，短型吊钩组只用于较小的起重量。

吊钩按制造工艺的不同可分为锻造吊钩和叠片式吊钩（又称板式吊钩）。锻造吊钩常用的材料为Q345qD和35CrMo；叠片式吊钩应采用力学性能不低于Q345B的材料制造。此外，在特定场所吊钩还可以使用特定的材料制造，如采用0Cr18Ni9材料制造的吊钩可适用于有防磁要求的场合。

吊钩按形式的不同可分为单吊钩（图8-61）和双吊钩之分（图8-62b）。

（2）抓斗

抓斗是一种由机械或电动控制的自行取物装置，主要用于抓、卸散粒物料，如煤炭、砂石和粮食等。

抓斗要实现对散粒物料的抓卸，抓斗必须要能完成开闭和升降两个动作。抓斗的开闭和升降两个动作是由起升机构和开闭机构来实现的。

抓斗的起升机构和开闭机构设置于抓斗的外部时，称为绳索式抓斗；起升机构和开闭机构合并设置时，称为单绳抓斗；起升机构和开闭机构分开设置时称为双绳抓斗；抓斗的开闭机构设置在抓斗内时，通常采用一台电动葫芦或电动绞车来操纵开闭，这种抓斗称为电动抓斗。常用的双绳抓斗，如图8-63所示。

（3）起重电磁铁

起重电磁铁同抓斗一样也是用来抓、卸散粒物料的，但起重电磁铁与抓斗所抓、卸的散粒物料不同，起重电磁铁主要用于具有导磁性的金属及其制品的抓、卸。

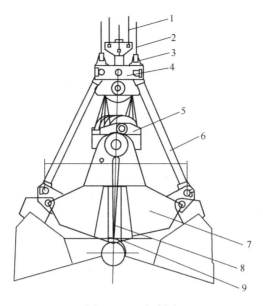

图 8-63　双绳抓斗

1—升降钢丝绳；2—开闭钢丝绳；3—导向滚轮；4—固定滑轮及上横梁；
5—动滑轮及下横梁；6—撑杆；7—鄂板；8—刃口；9—齿板

　　起重电磁铁是由外壳、线圈、外磁极、内磁极和非磁性锰钢板构成，如图 8-64 所示。

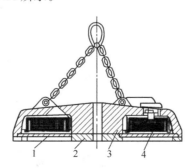

图 8-64　起重电磁铁

1—非磁性材料；2—极掌；3—外壳；4—线圈

　　起重电磁铁作为取物装置的一种形式，其缺点是自重大，安全性能较差且受温度及物料中铁、钴、镍含量的影响较大。

起重电磁铁因其自身重量较大，因此，其重量应包含在起重机的额定起重量内，即抓取物料时，一定要用物料质量与起重电磁铁自身质量之和去衡量起重机是否超载。否则将可能造成事故。

起重电磁铁在冶金、机械、冶金专用码头及铁路货场应用较多，但在市政工程工地和房屋建筑工地几乎没有应用。

（4）专用取物装置

在特定的使用场所使用常见的取物装置是不能满足生产使用需求的，为此，能够适用于各种特定使用场所的专用取物装置就应运而生了，不同的专用取物装置可以很出色地完成不同的特定物料的抓取或搬运任务。

在市政工程工地和房屋建筑工地经常会遇到各种管道的吊装，各种管道的吊装如果仍然使用吊钩、抓斗或起重电磁铁，显然是不可行的，为此，一种新型的专用取物装置——夹钳就产生了，夹钳能够很完美地解决各种管道的吊装作业。根据夹紧力产生方式的不同，夹钳可分为杠杆式、偏心式和他动式 3 种，如图 8-65 所示。

在市政道路建设中，经常会进行桥梁的架设，架设桥梁必然要吊装桥梁单片，吊装桥梁单片所使用的专用取物装置，如图 8-66 所示。

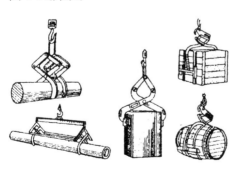

图 8-65　夹钳　　　　　图 8-66　专用取物装置（吊杆）

起重机中使用的专用取物装置很多，在此就不一一介绍了。

第六节　主要安全保护装置

起重机安全除需有起重机的设计、制造、安装和改造修理环节来保证外（即起重机的本质安全），还需有一定种类和数量的安全防护装置和保护装置来进一步增强起重机使用的安全性。

不同品种起重机所采取的安全防护和保护是不同的。下面就市政工程工地、房屋建筑工地用桥（门）式起重机的主要安全保护装置作一介绍。

1. 安全防护装置

（1）限制运动行程与工作位置的安全装置

限制运动行程与工作位置的安全装置是保证起重机在水平方向安全运行的重要装置。

1）行程限位装置

当起重小车或起重机（大车）运行到工作行程的极限位置时，应有一个行程限位装置使其停止运行，以保证起重小车或大车在设计规定的范围内正常工作。行程限位装置如果不设置或损坏，则起重小车或大车可能会因超出正常的工作范围而造成起重机或人身伤亡事故。

行程限位装置通常有机械式和光电式两种，机械式行程限位装置由行程开关和撞（安全）尺构成，光电式行程限位装置由发射器和接收器构成。

常见的大车机械式行程限位装置，如图8-67所示。

2）高度限制装置

所有品种的起重机均需设置高度限制装置。设置高度限制装置的目的是防止吊具或重物达到工作高度的极限位置时，起升机构仍在工作造成吊具或重物的冲顶、钢丝绳或链条被拉断及吊具或重物坠落事故的发生，保证起升机构的安全。

图 8-67　大车机械式行程限位装置

高度限制装置有螺杆式和重锤式两种，如图 8-68、图 8-69
所示，同时安装有螺杆式和重锤式高度限制装置的起升机构，如
图 8-70 所示。

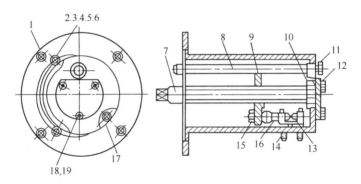

图 8-68　螺杆式高度限制装置

1—壳体；2、3、4、5、6—螺钉、压板、纸垫、弧形盖、衬垫；7—螺杆；
8—导杆；9—移动螺杆；10—轴承；11—螺塞；12—端盖；13—限位开关；
14—螺钉；15、16—螺母、螺栓；17—橡胶圈；18、19—螺栓、螺母

高度限制装置的动作原理一般是：由起升机构附带一个分支
机构，分支机构在随着起升机构运动的同时，当达到某一限定的
高度位置时就会触发电气开关，使电气开关的触点断开，自动切
断起升机构上升方向的电源，停止上升方向的运行，从而起到保
护作用。高度限制装置动作后应能保证起升机构下降方向的
运行。

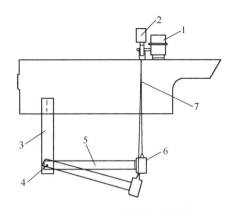

图 8-69　重锤式高度限制装置

1—限位开关；2—偏心重锤；3—竖杆；4—铰点；

5—活动杠杆；6—下重锤；7—连接钢丝绳

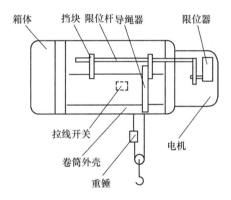

图 8-70　同时安装有重锤式和螺杆式

高度限制装置的起升机构

特殊情况下，起重机用内燃机驱动，中间无电气、液压、气压等传动环节而直接进行机械连接的起升机构，可以配备灯光或声响报警装置，以代替高度限制装置。

3）防碰撞装置

当两台或两台以上的起重机、起重小车运行在同一或不同轨道上且有碰撞的可能时，应装设防碰撞装置。

防碰撞装置可以采用行程限位装置、光电开关或超声波开关等形式。

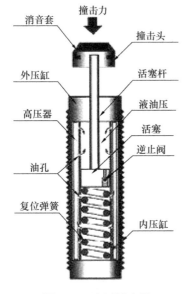

消音套
撞击力
撞击头
外压缸
活塞杆
液油压
高压器
活塞
逆止阀
油孔
复位弹簧
内压缸

图 8-71 液压缓冲器

当两台或两台以上的起重机、起重小车之间的运行距离小于设定的最小安全距离时，防碰撞装置必须动作、切断运行机构向危险方向运行的电源，使起重机或起重小车停止运行。

4）缓冲器及端部止挡

缓冲器及端部止挡是起重机或起重小车在水平方向上运行的最后一道安全防护装置。

起重机中使用的缓冲器有液压缓冲器、弹簧缓冲器和聚氨酯缓冲器三种。液压缓冲器，如图 8-71 所示；弹簧缓冲器，如图 8-72 所示；聚氨酯缓冲器，如图 8-73 所示。

图 8-72 弹簧缓冲器

图 8-73 聚氨酯缓冲器

缓冲器一般应在下述几种情况下起作用：

① 起重机、起重小车运行至行程终端附近时，因运动惯性

越过行程限位装置后不能立刻停止时。

②在操作失误且行程限位装置失效，起重机、起重小车以一定的运行速度冲向行程终端时。

③在同一或不同一轨道上的两台或两台以上的起重机、起重小车运行存有碰撞的可能时。

端部止挡通常设置在起重机、起重小车运行轨道的端部，其与设置在起重机、起重小车运动部件上的缓冲器配合，起到碰撞时的缓冲和防止起重机、起重小车运行脱轨的作用。

5）偏斜指示器或限制器装置

该装置仅适用于门式起重机。当跨度大于40m的门式起重机的运行机构工作时，由于两侧运行阻力不同、车轮踏面直径差异、车轮打滑、机械传动误差、电动机转差率的偏差、运行机构安装偏差等因素的影响，使得门架两侧支腿的运行速度常常不同步，产生运行距离越长，不同步的误差累积就越大，并导致一侧支腿超前，另一侧支腿滞后，起重机产生偏斜的情况。当偏斜（量）过大时，往往会造成起重机金属结构的损伤或损坏，严重时，还会损伤运行机构，产生事故隐患。

门式起重机的跨度越大，其刚度就越小，就越容易发生运行时的偏斜。

跨度大于40m的门式起重机应装设偏斜指示器或限制器。当门式起重机两侧支腿运行不同步而发生偏斜时，偏斜指示器应能向司机指示出偏斜情况，当偏斜达到设计规定的限值时，限制器应能使偏斜得到有效的调整和纠正。

（2）起重量限制装置

起重量限制器是一种对起吊物重量进行限制的安全保护装置。起重机利用起重量限制器可以实现对起升机构、主要受力结构以及整机的安全防护。

起重量限制器按其功能的不同，可分为自动停止型和综合型两种。按其机构型式的不同，可分为电气型和机械型两种。

起重量限制器通常安装在钢丝绳的固定端或起升卷筒非减速

器一侧的轴承座下方，如图 8-74、图 8-75 所示。

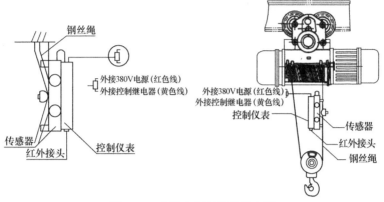

图 8-74　安装在钢丝绳的固定端

以环链电动葫芦作为起升机构的起重机械可以采用安全离合器来限制起吊物的重量。

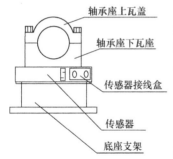

图 8-75　安装在轴承座下方

起重量限制器应当在起重量达到额定起重量的 1.05 倍时，自动切断起重机上升方向的电源，但应能保证下降方向的运行。

（3）抗风防滑和防倾翻装置

1）抗风防滑装置

露天工作的轨道式起重机应装设抗风防滑装置，并应满足设计规定的工作状态和非工作状态下的抗风防滑要求。抗风防滑装置可以采用夹轨器、锚定器、顶轨器、楔块式防爬器、自锁式防滑动装置等形式。抗风防滑装置在制动与释放时应与起重机运行机构电气联锁（手动控制的，产品设计文件无要求的除外）。

2）防倾翻安全钩

单主梁门式起重机，由于起吊物是在主梁的一侧进行，起吊物会对小车产生一个倾翻力矩，为保持平衡不倾翻，起重机常设置垂直反滚轮或水平反滚轮，但是，只靠这种方式还不能保证在风灾、意外冲击、车轮破碎、检修等情况时的安全，为此，这种形式的起重机应安装防倾翻安全钩。防倾翻安全钩的结构形式，如图 8-76 所示。

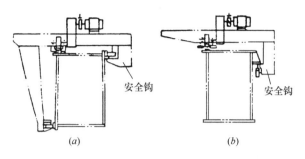

安全钩

安全钩

(a)

(b)

图 8-76　防倾翻安全钩

安全钩与主梁的间隙除应符合设计文件要求外，还应保证小车在全行程范围内运行时无卡阻现象。

（4）联锁保护

联锁保护，又称电气联锁，其安全功能是将电气联锁开关的动作状态与起重机某工作机构的运动状态联系起来。电气联锁处于断开状态时，被其制约的工作机构应不能起动，只有在闭合状态时，被联锁的工作机构才能起动；在工作机构运行过程中，如果对应的电气联锁被断开，则被联锁的工作机构就应立即停止。

联锁保护可防止起重机某机构在特定条件下运转伤人。需要设置联锁保护的部位与工作机构如下：

1）进入桥式起重机和门式起重机的门、从司机室登上桥架的舱口门，应能与起重机、起重小车运行机构联锁保护。

2）司机室与进入的通道有相对运动时，进入司机室的通道口，应能在进入通道口的门打开时，断开由于机构动作可能会对人员造成危险的机构的电源。

3）可在两处或多处操作的起重机，应能保证只能在一处操作，防止两处或多处操作时产生的危险。

4）起重机既可以电动，又可以手动操作时，应能保证电动操作与手动操作间的联锁保护。

（5）其他安全防护装置

1）风速仪及风速报警器

露天工作的起重机，当起升高度＞50m 时，应设置风速仪及风速报警器。风速仪应安装在起重机上部迎风处。

2）轨道清扫器

轨道清扫器是用来清除起重机行进方向轨道上的障碍物的。轨道清扫器最常见的形式是扫轨板。当起重机采用扫轨板时，扫轨板底面与运行轨道轨顶面间的间隙不大于 10mm。

3）检修吊笼或平台

为了能够安全方便地对起重机进行检查、维护保养及修理，起重机上应设检修吊笼或平台。检修吊笼或平台与起重机的连接应牢固可靠，其周围应有防坠落措施，站立工作面应有防滑措施。

4）导电滑触线的安全防护

起重机的馈电有时会采用裸铜线或角钢，为了防止人员意外接触到带电滑触线引发触电事故，导电滑触线防护板的设置就显得尤为重要。

导电滑触线防护板适用于以下几种情形：

① 桥式起重机司机室位于大车滑触线一侧时，通向起重机的梯子和走台与滑触线间应设置防护板。

② 桥式起重机大车滑触线侧的端梁下，应设置防护板，以防止吊具钢丝绳的异常摆动与滑触线的意外接触。

③同一跨桥式起重机作多层布置时，下层起重机的滑触线应沿全长设置防护板。

5）报警装置

报警装置可以是蜂鸣器、闪光灯。报警装置采用蜂鸣器、闪光灯时，应能发出清晰的报警音响、灯光闪烁信号并使起重机作业范围内的所有人员都听得见、看得见。

6）防护罩与防雨罩

起重机上外露的、有伤人可能的转动零部件，如开式齿轮、联轴器、传动轴、链轮、链条、传动带、皮带轮等，均应装设防护罩。露天工作的起重机，其电气设备应装设防雨罩。

2. 电气保护装置

（1）电动机的保护

起重机上的电动机可采用具有下列一种以上（含一种）的保护功能（电动葫芦除外）：

1）瞬动或者反时振动动作的过电流保护，其瞬时动作电流整定值应当约为电动机最大起动电流的 1.25 倍。

2）在电动机内设置热传感元件。

3）热过载保护。

过电流保护是目前起重机普遍采用的电动机过载保护方式。通常做法是：将过电流继电器线圈接入电动机主回路中，电气联锁触点接入总电源的控制回路或零位继电器线圈控制回路中。其工作原理是：当电动机过电流时，过电流继电器的电气联锁触点断开总电源或机构电动机的控制回路，使电动机失电停止工作。

对于不可能过载的电动机（如力矩电动机、受机械过载保护器保护的或有足够空间的运动驱动装置）可不配备过载保护器件。

电动机的过载保护可用过载保护器、温度传感器或电流限制装置等器件来实现。

（2）线路的保护

短路保护可实现起重机线路的保护功能。

起重机上电器设备绝缘的损坏、线路对地或相间短路时，短路保护装置应能迅速动作并切断故障电源。总电源要求每一相都必须设置短路保护，以保证任两相间或任一相对地发生短路时熔断体熔断或自动断路器动作。

起重机采用电缆供电或一组滑触线为一台起重机供电时，如果地面上已设置总电源开关且具有短路保护功能时，起重机上可不设置总电源的短路保护。多台起重机共用一组滑触线且仅设置一个地面总电源开关的，则要求每台起重机上另行设置熔断器或断路器，作为该台起重机的总电源短路保护。

（3）错相和缺相保护

错相和缺相保护主要起到两种保护功能：一是防止由于错相而导致运行机构方向错误产生安全隐患；二是防止由于缺相而导致电动机力矩不足产生电动机的损毁。错相和缺相保护装置应当安装在总断路器的出线端或总电源接触器的输入端。

（4）零位保护

为确保安全，起重机任何一个机构在开始运转和失压后恢复供电时，必须先将控制器手柄置于零位后，该机构或者所有机构的电动机才能起动。电动机运转由自动复位的按钮或自动复位的手柄控制时，不要求另外设置零位保护。

（5）失压保护

失压保护，系指供电电源中断后能够自动断开总电源回路，恢复供电时，不经手动操作总电源回路不能自行接通。

如果总电源未设置失压保护，当供电电源中断后又恢复供电时，总电源就会自行接通而使断电前处于工作状态的某一机构继续动作引发意外事故。

（6）超速保护

对于重要的、负载超速会引起危险或重大损失的起升机构应设置超速保护。超速保护的速度整定值取决于控制系统性能和额定下降速度，通常为额定速度的 $1.25 \sim 1.4$ 倍。

通常情况下，供电电压消失或控制系统故障等原因，会造成作用在电动机轴上只有一个负载力矩，在负载力矩的作用下，造成电动机超速，发生重物坠落事故。

（7）接地与防雷的保护

为防止起重机的金属结构或电气设备的金属外壳意外带电造成触电事故，起重机应设接地保护。对安装在野外且相对周围地面处在较高位置的起重机，应设防雷保护，以避除雷击可能对高位部件造成的损坏和人员的伤害。

起重机应根据不同的供电方式采用相应的接地形式，如保护接零或保护接地。接地保护应符合《低压配电设计规范》GB 50054 中的有关规定。

起重机械所有电气设备的金属外壳、金属导线管、金属支架及金属线槽均应根据配电网情况进行可靠接地（保护接地或保护接零）。

起重机的金属结构应与供电线路的保护导线可靠连接。起重机的钢轨可连接到保护接地电路上。但是，它们不能取代从电源到起重机的保护导线（如电缆、集电导线或滑触线）。司机室与起重机本体接地点之间应用双保护导线连接。

在每个引入电源点，外部保护导线端子应使用字母 PE 来标明。其他位置的保护导线端子应使用图示符号⏚或字母 PE、或用黄绿双色组合标记。

对保护接零，起重机的重复接地和防雷接地的接地电阻值不应大于 10Ω。对保护接地，接地和防雷接地的电阻值不应大于 4Ω。

（8）绝缘电阻

绝缘电阻是防止人员间接触电的一种防护措施。

绝缘电阻值的大小，可以反映电气设备使用的安全程度，通常是绝缘电阻值越高，使用安全程度越高，反之，使用安全程度越低。

《起重机械定期检验规则》TSG Q7015 和《起重机械安装改造重大修理监督检验规则》TSG Q7016 中规定，起重机的额定电压小于或者等于 500V 时，不应低于 $1.0M\Omega$。

（9）照明与信号

夜间工作或工作环境视线不佳的场合应设置起重机照明和司机室照明。起重机照明和司机室照明应有足够的照度来满足起重操作和作业的需求。

起重机械的司机室、通道、电气室、机房等，如使用可移动式照明时，应采用安全电压（电压不大于 50V）。严禁采用金属结构做照明线路的回路。

对室外工作的起重机，当总高度大于 30m 且周围无高于起重机顶尖的建筑物和其他设施时、相邻两台起重机有相碰可能时、起重机及其结构可能妨碍空运或水运时，应在其端部或最高处装设红色障碍灯。红色障碍灯的电源不应受起重机停机影响而断电。

起重机应有明显的总电源开关状态的信号指示。

起重机（跟随式操作控制的除外）应有警示音响信号，并且在起重机工作场地范围内能够清楚地听到。

第九章 桥(门)式起重机电气及控制系统

第一节 常用电气元器件

起重机控制系统和拖动系统都是由电气元器件构成的。起重机中使用的电气元器件很多，本章主要介绍一些常用的电气元器件，如刀开关、断路器、熔断器、接触器、继电器、凸轮控制器、主令控制器和控制按钮。

1. 刀开关

刀开关，又称闸刀开关。常用于隔离电源或不频繁地分断与接通额定电流以下的负载，用符号 QS 表示，见图 9-1（a）。主要类型有：带灭弧装置的大容量开关、带熔断器的开启式负荷开关（胶盖开关，图 9-1b）、带灭弧装置和熔断器的封闭式负荷开关（铁壳开关图 9-1c）。常见产品有 HD11-HD14 和 HS11-HS13 系列，HK1、HK2 胶盖开关系列，HH3、HH4 铁壳开关系列，近年又出现了 HD17、HD18、HS17、HG1 等系列。刀开关的电气符号如图 9-1（d）所示。

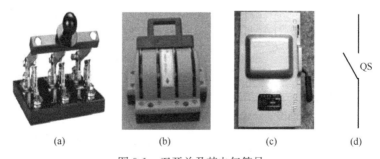

（a）　　　　　　（b）　　　　　　（c）　　　　（d）

图 9-1　刀开关及其电气符号

（a）刀开关；（b）胶盖开关；（c）铁壳开关；（d）刀开关的电气符号

一般的刀开关不带灭弧装置，不能分断和接通额定负载，不能切断故障电流。刀开关与下文介绍的断路器的最大区别在于：刀开关分断电源回路时，分断点是清晰可见的。

2. 断路器

断路器是指能够关合、承载和开断正常回路条件下的电流并能关合、在规定的时间内承载和开断异常回路条件下的电流开关装置，用符号 QF 表示，如图 9-2 所示。

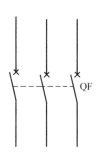

图 9-2　断路器及其电气符号

断路器可用来分配电能，不频繁地起动异步电动机，对电源、线路及电动机等进行保护，当他们发生严重的过载或短路及欠压等故障时能自动切断电路。断路器是起重机上常用的一种重要的保护电器。

常见的低压断路器也称为自动空气开关，由操作机构、触点、保护装置（各种脱扣器）、灭弧系统等组成。它功能相当于闸刀开关、过电流继电器、失压继电器、热继电器及漏电保护器等电器部分或全部功能的总和，断路器的结构原理，如图 9-3 所示。

断路器的主触点是靠手动

图 9-3　断路器结构原理

1—主触头；2—锁键；3—搭钩；4—固定轴；
5—杠杆；6、11—弹簧；7—过流脱扣器；
8—欠压脱扣器；9、10—衔铁；
12—双金属片；13—电流线圈

操作或电动合闸的。主触点闭合后，自由脱扣机构将主触点锁在合闸位置上；过电流脱扣器的线圈和热脱扣器的热元件与主电路串联；欠电压脱扣器的线圈和电源并联。

当电路发生短路或严重过载时，过电流脱扣器的衔铁吸合，使自由脱扣机构动作，主触点动作，断开主电路。

当电路过载时，热脱扣器的热元件发热使双金属片弯曲，推动自由脱扣机构动作。

当电路欠电压时，欠电压脱扣器的衔铁释放，也使自由脱扣机构动作。

3. 熔断器

熔断器是一种当电流超过规定值时，以自身产生的热量使熔体熔断并断开电路的电器。熔断器又称保险丝，由熔体和安装熔体的壳体组成，用符号 R 表示，如图 9-4 所示。电路在被切断过程中，往往会产生较强的电弧，为了安全有效地熄灭电弧，通常把金属丝（或薄片）装在壳体内或采取措施快速导热熄弧。

图 9-4　熔断器及其电气符号

4. 接触器

接触器是一种利用线圈流过电流产生磁场，通过电磁机构使触头闭合，以达到控制负载的电器，用符号 KM 表示，如图 9-5 所示。

接触器根据不同的灭弧结构分为真空接触器和普通接触器；根据不同的控制电压分为直流接触器和交流接触器。接触器的主要附件为辅助触点。另外，因接触器本身不具备短路保护和过载

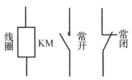

图 9-5 接触器及其电气符号

保护能力，故其必须与熔断器、热继电器配合使用。

接触器的工作原理是：当接触器线圈得电后，线圈电流会产生磁场，产生的磁场使静铁芯产生电磁吸力吸引动铁芯，并带动接触器触点动作（常闭触点断开，常开触点闭合，两者是联动的），当线圈失电时，电磁吸力消失，衔铁在释放弹簧的作用下释放，使触点复原（常开触点断开，常闭触点闭合）。接触器的通断是由控制线圈电压的得电与失电来控制的。

5. 继电器

继电器是一种当输入量（激励量）的变化达到规定要求时，在电气输出电路中使被控量发生预定的阶跃变化的电控制器件，它也是一种用小电流去控制大电流动作的"自动开关"。继电器在电路中起着自动调节、安全保护和转换电路等作用。

继电器根据功能的不同可分为：热继电器、电流继电器和时间继电器等。

（1）热继电器

热继电器是利用热效应，使发热元件发热到某一量值时，接通或断开被控制对象的继电器，其可用来防止电动机长期过载造成的严重老化或烧毁。用符号 JR 表示。热继电器及其结构和电气符号，如图 9-6 所示。

热继电器的热元件由两种不同膨胀系数的双金属片牢固的焊在一起，热元件在受热后弯曲推动触头动作，触点断开，切断控制回路。由于发热组件有热惯性，因此，热继电器不能用于瞬时过载保护，更不能用于短路保护。

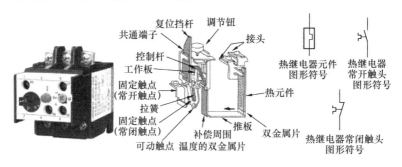

图 9-6 热继电器及其电气符号

（2）电流继电器

电流继电器具有接线简单、动作迅速可靠、维护方便、使用寿命长等优点，作为保护元件被广泛应用于电动机及线路的过载和短路的继电保护线路中。

电流继电器的检测对象是电路或主要电器部件电流的变化情况，当电流超过（或低于）某一整定值时，继电器动作，完成继电器控制及保护作用。

电流继电器分为过电流继电器和欠电流继电器。在桥（门）式起重机上，使用较多的是过电流继电器。

过电流继电器常用于电动机及线路的继电保护回路中，用符号 JL 表示，如图 9-7 所示。当回路出现过载及短路故障时，该

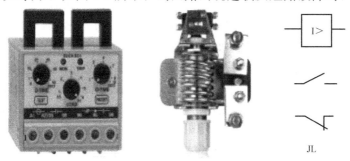

图 9-7 过电流继电器及其电气符号

继电器应能按预定的时限可靠动作或发出信号，切除故障部分，保证设备的安全。

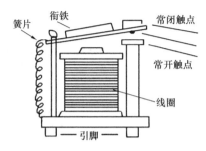

图 9-8 过电流继电器动作原理

过电流继电器有一个线圈，线圈串接在负载电路中，当负载电流超限（过电流）时，继电器线圈产生的磁场使衔铁吸合，衔铁带动触点闭合，从而接通断路器跳闸回路，使断路器跳闸，起到过流保护作用。过电流继电器的动作原理，如图9-8所示。

（3）时间继电器

时间继电器是一种当输入动作信号后，其输出电路需经过规定的准确时间才产生跳跃式变化（或触头动作）的继电器。它常使用在较低电压或较小电流的电路上，用来接通或切断较高电压或较大电流电路的电气元件。

时间继电器是一种利用电磁原理或机械动作原理来延迟触头闭合或分断的自动控制电器。许多控制系统中都使用时间继电器来实现线路的延时控制。时间继电器的动作原理是：当它接受了起动信号后开始计时，计时结束后它的工作触头进行分断或闭合的动作，进而推动后续的电路工作。一般来说，通过配置一定数量的时间继电器和中间继电器就可以实现较为复杂的延时控制功能。其工作特点是：自吸引线圈得到信号起至触头动作，中间有一段延时，通常，这段延时在设计的范围内是可以调节的。

时间继电器按控制原理分为空气阻尼式时间继电器、电子式时间继电器和数字脉冲式时间继电器等，从功能上分为吸合延时型和释放延时型两种，用符号JS表示，如图9-9所示。

1）空气阻尼式时间继电器

空气阻尼式时间继电器是利用空气通过小孔时产生阻尼的原

(a)　　　　　　　　(b)　　　　　　　　(c)

图 9-9　时间继电器

（a）空气阻尼式时间继电器；（b）电子式时间继电器；

（c）数字脉冲式时间继电器

理获得延时。其由电磁机构、延时机构和触头三部分组成。电磁机构为双口直动式，触头为微动开关，延时机构采用气囊式阻尼器。

2）电子式时间继电器

电子式时间继电器是利用 RC 电路中电容电压不能跃变，只能按指数规律逐渐变化的原理，即电阻尼特性获得延时。该型时间继电器因其结构简单，延时精度高，体积小，调节方便，使用寿命长而逐渐成为市场的主流。

3）数字脉冲式时间继电器

时间脉冲发生器按照设定的时间发出脉冲，计数器计延时的脉冲数量，来达到延时的目的。毫无疑问，这种方法定时准确，甚至可以同时设定多个定时，具有可编程性。但与此同时，其受环境温湿度影响大及脉冲波的抗干扰性差，也制约了它的发展。

时间继电器的电气符号，见图 9-10。

（4）中间继电器

中间继电器用于继电保护与自动控制系统中，用以增加触点的数量及容量、用以在控制电路中传递中间信号，起到"搭桥"

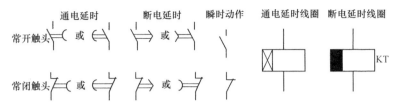

图 9-10 时间继电器电气符号

或"过渡"的作用。

中间继电器和时间继电器的结构原理与交流接触器基本相同，其与接触器的主要区别在于：接触器的主触头可以通过大电流，而中间继电器的触头只能通过小电流，所以，它只能用于控制电路中。另外，它一般都没有主触点，因为过载能力比较小，所以它用的全部都是辅助触点，数量也比较多，用符号 K 表示，如图 9-11 所示。

图 9-11　中间继电器及其电气符号

6. 凸轮控制器

凸轮控制器主要用于起重设备中控制小型绕线式转子异步电动机的起动、调速、换向和制停，也适用于有类似场合的其他电力拖动，如卷扬机等，用符号 KT 表示，如图 9-12 所示。

凸轮控制器的转轴上套着很多凸轮片（一般为 12 片），当手轮经转轴带动转位时，就会使触点断开或闭合。例如：当凸轮处

图 9-12　凸轮控制器

于某一个位置时（滚子在凸轮的凹槽中），触点是闭合的；当凸轮转位而使滚子处于凸缘时，触点就断开。另外，由于凸轮片的形状不尽相同，所以触点的闭合规律也就不相同，由此也就实现了不同的控制要求。

手轮在转动过程中共有 11 个挡位，中间为零位，向左、向右都可以转动 5 挡。常用型号为 KT10 和 KT12 系列。

7. 主令控制器

主令控制器适用于频繁对电路进行接通和切断的场合，主要用于电气传动控制中，按一定顺序分合触点，达到发布命令或对其他控制线路进行联锁、转换的目的。其常与磁力起动器配合对绕线式异步电动机的起动、调速、制动及换向实行远距离控制。主令控制器常用型号为 LK4 系列和 LKI4 系列，用符号 LK 表示，如图 9-13 所示。

图 9-13　主令控制器

在控制原理上，主令控制器与凸轮控制器是相同的，主要区别在于凸轮控制器的主触头容量大，带有灭弧装置，可直接用于分断、接通电流回路，常用于额定起重量较小的起重机上；主令控制器触头容量小，一般要通过控制相关回路接触器线圈得电或失电，由接触器来控制相关回路的分断或接通，常用于额定起重量较大的起重机上。

8. 控制按钮

控制按钮是一种能发出"指令"的结构简单、用途较广的电气元件，其主要用于远距离操作接触器、继电器和信号等，用符号 SB 表示，如图 9-14 所示。

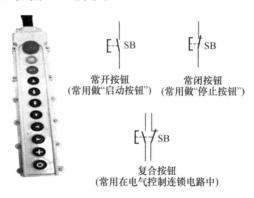

图 9-14　控制按钮及其电气符号

常见的控制按钮主要用作停止按钮、起动按钮、点动按钮和复位按钮。桥（门）式起重机的起动、停止、上升、下降、前、后、左、右、慢速或快速运行等都使用到按钮控制。另外，常见的钥匙开关可视为一种特殊的按钮。

在这里重点介绍一下，起重机上最重要的一个按钮：急停按钮，用符号 SE 表示，如图 9-15 所示。急停按钮又称"紧急停止按钮"，顾名思义，在发生紧急情况时，人们可以通过快速按下此按钮来达到安全保护的目的。急停按钮应在操作后通过啮合或锁定保持，不能自动复位；复位动作应由触动急停按钮本身产生，而不是触动其他按钮。复位后，给机构下达动作指令，机构不应产生动作。只有再次触动起动按钮，接通电源后，机构才能接受指令产生动作。

带自锁的急停按钮
（旋转或拔出复位）

图 9-15 急停开关及其电气符号

第二节 控 制 系 统

1. 概述

起重机的金属结构负责载荷支承，起重机的各机构负责动作运转，起重机各机构的起动、运转、换向和停止等动作均由电气或液压控制系统来完成。起重机的运转动作之所以能平稳、准确、安全可靠，都离不开电气的有效传动、控制与保护。

2. 控制性能

桥（门）式起重机在控制性能方面原则上应满足以下要求：

（1）起重机在110％的额定载荷下应能可靠工作。

（2）在供电系统电压为额定值的－10％时应能起升额定载荷；无论在何处于什么位置，系统应能保证机构正常工作而不出现溜钩。

（3）除非控制方案允许，无论控制手柄在什么位置，正常工作时额定载荷下降速度不应超过额定速度的120％。

3. 控制方式

起重机常用的控制方式有司机室控制、地面操纵和无线遥控。

（1）司机室控制

俗称"司操""开天车"，是操作者（司机）在司机室内进行操作的一种控制方式。司机室一般固定在桥架下方，与起重机之间没有相对运动。司机室控制这种方式，视野广、操作安全，对于一些重要载荷的吊运及精密工件的就位特别适用，另外司机操作场所固定，也较为舒适。

（2）地面操纵

地面操纵就是采用多通道的信息传输形式（即信息一般不经过转换，一个信息占用一个通道）来实现控制的目的。通常采用多芯电缆悬挂到地面上的按钮盒，控制接触器的闭合和分断，间接控制电动机，实现各机构的运行。

这种控制方式，操作者位置灵活方便，并靠近吊运点，视线好，控制准确，但由于是有线控制，灵活性受到一定影响，对场地和工作环境要求也较高。

（3）无线遥控

无线遥控是通过发射器将人的操作指令经过数字化编码并加密后通过无线电波等形式传递给远方的接收系统，接收系统经过解码转换将控制指令还原，实现对起重机各机构远程控制的过程。

无线遥控一般由一个发射器和一个接收器配套而成。这种控制方式虽然操作方便，但是受使用环境磁场的干扰较大。

4. 控制原理

桥（门）式起重机的控制系统是由起升机构、起重小车运行机构和起重机运行机构的控制系统组成。

从控制原理上来说，各机构的控制原理是相同的，均是从电源到控制元件，经由控制回路到各机构电动机进行起动、运转和制动等的操作。

下面以常见的地面操纵和凸轮控制为例分析一下桥（门）式起重机的控制原理。

（1）地面操纵控制原理

我们以图 9-16 为例，分析起重机中常用的地面操纵控制原理。

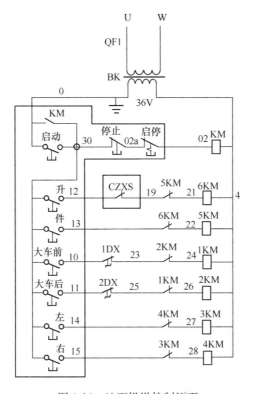

图 9-16 地面操纵控制原理

1) 起升回路,按下起动按钮后,主接触器线圈 KM 得电,主接触器吸合,动力回路得电。同时经 KM 触点,使起动回路自保持。当按下上升按钮时,线路 12 经起重量限制器常闭触点 CZXS,下降接触器互锁触点 5KM,上升接触器线圈 6KM,到线路 4,使上升接触器线圈 6KM 得电,上升接触器吸合。

当起吊重物超载时,起重量限制器动作,起重量限制器常闭触点 CZXS 断开,上升接触器线圈 6KM 失电,起到限载的作用。

下降回路控制原理与起升回路相同,区别在于下降回路不限载,当起吊重物超载时,下降回路仍然导通,起重机可以作下降方向的运动，这符合《起重机设计规范》GB/T 3811—2008 中9.7.3.1 条"起重量限制器起作用，此时应自动切断起升动力源，但应允许作下降运动"的要求。

2）大车回路，按下大车前进起动按钮，线路 10 经行程限位1DX，大车后退接触器互锁触点 2KM，大车前进接触器 1KM 线圈到线路 4，大车前进接触器线圈 1KM 得电，大车前进接触器吸合。当大车限位 1DX 动作时，该回路断开。

大车后退回路控制原理与大车前进回路控制原理相同。

3）小车回路，按下小车左行起动按钮，线路 14 经小车右行接触器常闭触点 4KM，左行接触器线圈 3KM 到线路 4，左行接触器线圈 3KM 得电，小车左行接触器吸合。

小车右行回路控制原理与小车左行回路控制原理相同。

从上述分析可以看出，大车、小车控制回路原理相同，区别在于小车回路未设置行程限位器，这样的控制方式符合《起重机设计规范》GB/T 3811—2008 中 9.7.2.2 "起重机和起重小车（悬挂型电动葫芦运行小车除外），应在每个运行方向装设运行行程限位器，在达到设计规定的极限位置时自动切断前进方向的动力源"的要求。

（2）凸轮控制原理

我们以图 9-17 为例，分析起重机中常用的凸轮控制原理。

AN—起动按钮，KTS—主起升凸轮控制器，KTF—副起升凸轮控制器，KTX—小车凸轮控制器，KTD—大车凸轮控制器，SK—急停开关，MK—司机室门限位，CK—司机室上桥架入口限位，1AK、2AK—桥架栏杆门限位，0LJ—总过电流继电器，1LJ—主起升过电流继电器，2LJ—副起升过电流继电器，3LJ、4LJ—大车过电流继电器，5LJ—小车过电流继电器，KM1—总电源接触器，KS—主钩起升限位，KF—副钩起升限位，KX—小车限位，KD—大车限位。

其工作原理是：按下起动按钮 AN，电源从 1 号线经起动按钮到 6 号线，再经过主起升凸轮控制器 KTS、副起升凸轮控制

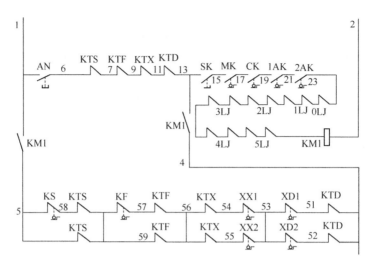

图 9-17　凸轮控制原理

器 KTF、小车凸轮控制器 KTX 和大车凸轮控制器 KTD 的零位保护触点与 13 号线接通，再经过急停开关 SK、司机室门限位 MK、司机室上桥架入口限位 CK 和两个桥架栏杆门限位 1AK、2AK、最后经过总过电流继电器 0LJ、主起升过电流继电器 1LJ、副起升过电流继电器 2LJ、大车过电流继电器 3LJ、4LJ、小车过电流继电器 5LJ、总接触器线圈 KM1 与 2 号线接通，总接触器线圈 KM1 得电，总接触器吸合。同时 KM1 的两个常开触点（1 号线与 5 号线、13 号线与 4 号线）吸合，形成总接触器的自锁。若此时，各门限位故障或各分支机构零位未复位，又或者各分支机构过载，则总电源接触器线圈回路断开，各分支机构失电，不能运行，起到了门联锁保护，零位保护及过电流保护的作用。

当总电源接触器吸合时，各分支机构正常运行，当主起升（副起升）上升到极限位置时，起升限位 KS（KF）动作，防止主起升（副起升）冲顶，起到起升高度的保护功能。在一些重要场合，为增加该保护的可靠性，通常再增加一副重锤限位，达到双重保护的作用。

当大车（小车）到达各自行程极限位置时，大车（小车）限位行程开关 KD（KX）动作，起到了运行行程限位保护的功能。

第三节　拖　动　系　统

拖动系统是用来传递动力和运动的。桥（门）式起重机的拖动系统是以电流驱动异步电动机，将交流电的电能转换为电动机的机械能的电气拖动系统为主。

桥（门）式起重机对电气拖动系统的要求有调速、平稳或快速起制动、纠偏、同步保持、机构间的动作协调、吊重止摆等。其中，调速被作为重要的要求，拖动系统在做到安全可靠、平稳高效的同时，还应满足：

第一，在规定工况下，机构平均载荷所需功率的要求；

第二，标称载荷（如起升额定载荷）过载试验所需最大转矩的要求；

第三，按照工作级别为机构提供起、制动转矩的能力；

第四，对有动力载荷性质的机构提供最小起动转矩能力的要求。

1. 三相异步电动机的工作原理

三相异步电动机被广泛应用于起重机的起升机构和运行机构中。三相异步电动机由定子和转子两个基本部分组成，见图9-18。定子

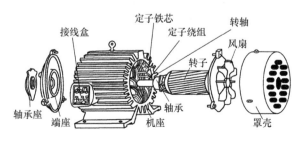

图 9-18　电动机结构图

式电动机的固定部分，用于产生旋转磁场，主要由定子铁芯、定子绕组和基座等部件组成。转子是电动机的转动部分，由转子铁芯、转子绕组和转轴等部件组成，其作用是在旋转磁场作用下获得转动力矩。

三相异步电动机的工作原理是：当电动机的三相定子绕组（各相相差120°），通入三相对称交流电后，将产生一个旋转磁场，该旋转磁场切割转子绕组，在转子绕组中产生感应电流（转子绕组是闭合通路），载流的转子导体在定子旋转磁场作用下将产生电磁力，从而在电动机转轴上形成电磁转矩，驱动电动机旋转，并且电动机旋转方向与旋转磁场方向相同，故三相异步电动机又称为感应电动机。

常见的三相异步电动机有鼠笼式三相异步电动机和绕线式三相异步电动机。

（1）鼠笼式三相异步电动机

鼠笼式三相异步电动机的定子为三相散嵌式分布绕组，转子为笼式导条，因该导条形状与鼠笼相似，所以称为鼠笼式三相异步电动机。

鼠笼式三相异步电动机在定子绕组接入三相交流电后，会形成旋转磁场，其转子上的闭合的导条会因为切割定子磁场的磁力线而感应出电势和电流，带电（电流）的导体在磁场中就会产生运动，这样电动机转子就旋转起来了。这就是鼠笼式三相异步电动机的工作原理。

这种电动机的特点是结构简单、转子上无绕组、维修成本低、使用寿命长，但功率较小。

（2）绕线式三相异步电动机

绕线式三相异步电动机的转子绕组同定子绕组一样也是三相的，它联接成星型。每相绕组的始端联接在三个铜制的滑环上，滑环固定在转轴上。环与环、环与转轴之间都是互相绝缘的，在环上用弹簧压着碳质电刷，通过电刷与外部电路相连接，起动电阻和调速电阻一般都接在外部电路中。绕线式三相异步电动机与鼠笼式三相异步电动机区别在于转子形式的不同。

绕线式三相异步电动机的工作原理与鼠笼式三相异步电动机的工作原理相同。

绕线式三相异步电动机具有起动电流小、起动转矩大等特点。

2. 电气拖动系统的选择

在选择电气拖动系统时，应考虑起重机各机构的负载特点、负载特性的工作象限（电动机正、反转时，是阻力负载还是动力负载）、最大静负载转矩的标幺值（相对于电动机的额定转矩）、静负载转矩变化范围及特点。

起重机是间歇、重复短时工作的机械，频繁起制动和正反转，需要电动机经常克服复杂的动载荷，另外，使用条件、恶劣的工作环境、吊运物品的差异性也是选择电气拖动系统时需考虑的因素。

3. 起重机各机构的负载特点

起重机的机构不同，其负载特点也不相同。

（1）起升机构

起升机构属于位能负载，由于机构效率的影响，同样负载时起升机构的升、降负载转矩并不相等，负载特性在一、四象限也不是同一条直线。上升时，机构摩擦转矩和负载转矩方向相同，是叠加的效果，对运动起阻碍作用；下降时，负载转矩与机构摩擦转矩方向相反，使总负载转矩减少。

（2）运行机构

室内起重机都是阻力负载，运行过程中负载变化幅度较大，这对电气调速提出了更高的要求，尤其在起动时，电动机输出的转矩，大部分作用于加速，小部分用于克服静阻负载。

在室外时，负载除摩擦阻力外，还有风载荷。市政工程工地、房屋建筑工地在空旷地带及存在坡度的路面时，坡道阻力和风阻力是必须要考虑的。

4. 常用电气拖动的调速性能

起重机的调速性能一般是较差的，当需要准确停车时，司机只能采取"点动"的操纵方法，如果"点动"次数很多，不但增加了司机的劳动强度，而且由于电气接电次数和电动机起动次数增加，而使电气、电动机的使用寿命大为缩短、维修量增大。为此，在一些起重机上应设计调速功能。目前，起重机的调速绝大多数采用的是电气调速。

（1）直流电动机的恒转矩、恒功率调速

不管电动机转速多少，保持电动机电枢电流和每极磁通额定值，即电磁转矩为额定值，称为恒转矩调速。若只保持电枢电流为额定值，电磁转矩减少，电动机转速升高，使得电磁功率不变，称为恒功率调速。

（2）交流电动机的恒转矩、恒功率调速

与直流电动机是一样的，值得注意的是，在到达基频前，$V/f=\Phi$，也就是电压 V 随频率 f 成正比增大，可以保证磁通 Φ 不变，这时处于恒转矩阶段。超过基频后，变频器它以工业供电电压为限，电压不能再升高，此时磁通会降低，最大转矩减小，保持电磁功率不变，即恒功率调速。

一般来说，选择调速方式应根据电动机机械特性和负载特性来选取，在低速时选用恒转矩调速，高速时选用恒功率调速。

（3）电动机机械特性

电动机轴上所产生的转矩 M 和相应的转动速度 n 之间的关系以函数 $n=f(M)$ 表示。它是表征电动机工作的重要特性。电动机带动负载的目的是向工作机械提供一定的转矩，并使其能以一定的转速运转。

转矩和转速是生产机械对电动机提出的基本要求，研究电动机机械特性对满足生产机械工艺要求，充分利用电动机功率和合理地设计电力拖动的控制和调速系统有重要的意义。

5. 电动机的起动与制动

由于起重机周期及间歇性的工作特点，会使得各个工作机构经常处于频繁起动和制动状态，频繁的起动和制动状态直接关系到起重机的使用寿命和安全运行。

鼠笼式三相异步电动机起动中转差损耗消耗在电机内，受电机发热限制，允许起动次数较少；绕线式三相异步电动机、采用固定电压供电的直流电动机，起动中转差损耗主要消耗于电阻器，起动次数主要受电阻器限制，受电机影响较小，允许起动次数较多。采用电子变频笼型电动机、有可控电压供电的直流电动机，起动时附加损耗最小，最适于频繁起动和制动。

绕线式三相异步电动机转子串多级电阻起动方案，调速性能差，用于运行机构时，停车经常靠机械制动器实现。大车制动器过紧，制动时重物晃动；过松，紧急制动时，制动距离长。现在，不少起重机紧急制动靠机械式制动器，正常制动靠手动反接制动、自动反接制动和利用阻力滑行制动。用于起升机构时，上升时靠机械制动器和负载重力实现，下降时辅以反接制动、单相制动或能耗制动。

6. 起升机构传动性能

起升机构是起重机械必不可少的工作机构，它通过取物装置以一定的速度升起或放下重物，并能把重物制停在某一高度位置。

起升机机构由驱动装置、传动装置、卷绕系统、取物装置、制动器及其他安全装置等组成。

起升机构的工作原理是电动机通过联轴器（和传动轴）与减速器的高速轴相连，减速器的低速轴带动卷筒，吊钩等取物装置与卷绕在卷筒上的钢丝绳滑轮组连接起来。当电动机正反两个方向的运动传递给卷筒时，通过卷筒不同方向的旋转将钢丝绳卷入或绕出，从而使吊钩与吊挂在其上的重物实现升降运动，将电动机输入的旋转运动转化为重物的垂直上下的直线运动。

常闭式制动器在通电时松闸，使机构运转；在失电情况下制动，使取物装置连同重物停止升降，并在指定位置上保持静止状态。当取物装置上升到最高极限位置时，上升极限位置限制器被触发而动作，起升机构停止上升。当吊载接近额定起重量时，起重量限制器及时给予显示，同时发出警示信号，一旦超过设定值及时切断电源，使起升机构停止运行，以保证安全。

7. 实例分析

我们以图 9-19 为例，分析起重机起升机构动力回路及电气控制回路的工作原理。

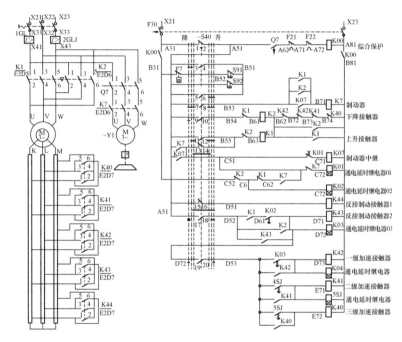

图 9-19　起升机构动力回路及电气控制回路

（1）线路为可逆不对称电路，主令控制器为单数档数 3-0-3。

（2）起动电阻五级（不包括常串级），其中第一、二级由手动切除，第三、四、五级由时间继电器控制自动切除。

（3）主令控制器下降一、二挡为反接制动，可实现负载慢速下降，第三挡为再生制动，可使负载快速下降。

（4）线路允许从下降第三档直接打到上升任何挡位。当主令

147

控制器手柄离开下降第三挡后，K2常闭触头恢复接通，K02常开触头延时接通，保证K43延时接通。

（5）当主令控制器手柄从某一位置退回零位挡时，K7立即断开，由于K01常闭触头延时断开，使K07和K1延时断开，从而使制动器先于主电动机断电，防止停车时溜钩。

（6）在延时继电器K01线圈回路有K1、K2常闭触头和K7常开触头串联控制，其作用是：当K1、K2都没有接通，而K7产生非正常接通时，K01也将接通，使K07线圈失电，K7断开，放置重物自由下降。

（7）在K1、K2线圈回路中串有转子接触器K43、K42、K41、K40的常闭触头组成的熔焊检查环节，只有上述接触器正常开断时，才允许正、反转接触器K1或K2接通。

（8）当用户发现满载上升第一挡发生下降，而用户不希望在该挡位发生下降，我们可以改变电阻器抽头接线，改变上升一挡和下降一挡特性，使系统与之匹配。

第四节　安全监控管理系统

为了强化起重机械的安全管理，起重机械安全技术规范要求部分品种的起重机械应安装有安全监控管理系统。安全监控管理系统是指对起重机械工作过程进行监控，能够对重要参数和安全状态进行记录并管理的系统。桥（门）式起重机的安全监控管理系统能实现实时监控起重机的运行状态、记录运行数据、分析统计数据、故障报警及历史记录和历史数据回放等功能。

1. 桥（门）式起重机安全监控管理系统的要求

当市政工程工地、房屋建筑工地用桥（门）式起重机满足：通用桥式起重机，额定起重量≥200t；通用门式起重机，额定起重量≥100t时，应安装安全监控管理系统。

2. 桥（门）式起重机安全监控管理系统的构成

桥（门）式起重机安全监控管理系统由硬件和软件组成，

其功能单元由信息采集单元、信息处理单元、控制输出单元、信息存储单元、信息显示单元、信息导出接口单元等构成。当有远程监控要求时，还有远程传输单元，将信息传输至远程监控中心。

（1）信息采集单元，用于读取信息源数据。它由机械限位，感应限位，红外线光电限位，超速开关，起重量传感器，测速编码器，绝对值编码器，无线输入模块等组成，他们将采集的信号送至信息处理单元。

（2）信息处理单元，将采集到的信息进行计算和处理，同时根据起重机工况的要求，执行逻辑控制，它由可编程序控制器组成。

（3）控制输出单元，向起重机械执行机构输出控制信号的装置。

（4）信息存储单元，实时存储所采集的信息，一般由工控机的硬盘、数字硬盘录像机等组成。

（5）信息显示单元，主要负责向司机和管理人员显示起重机的工作状态和各类参数。它分别以图形、图像、文字、声光等方式输出信息。它由工控机上的监视器，司机室内的指示灯，蜂鸣器，监视器等组成。

（6）信息导出接口单元，向上级或下级单元输出数据，它由PLC的通信模块，工控机的主机接口，数字硬盘录像机的输出接口等组成。

（7）远程传输单元，用于远程监控中心和信息处理单元之间的通信，它由路由器，无线通信设备，交换机等组成。

（8）远程监控中心，用于接收起重机械作业区和非作业区传输来的信息，并对其进行监控和管理，它主要由服务器组成。

桥（门）式起重机安全监控管理系统结构，如图9-20所示。

3. 桥（门）式起重机安全监控管理系统的监控内容

（1）桥（门）式起重机安全监控管理系统的信息采集源

桥（门）式起重机安全监控管理系统的信息采集源，见表9-1。

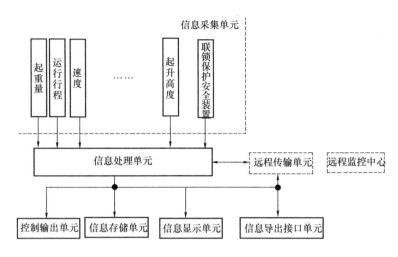

图 9-20 桥（门）式起重机安全监控管理系统结构图

桥（门）式起重机安全监控管理系统的信息采集源 表 9-1

序号	信息采集源		桥式起重机	门式起重机	架桥机
1	起重量限制器		应采集	应采集	应采集
2	起升高度限位器/下降深度限位器		应采集	应采集	应/宜采集
3	运行行程限位器		应采集	应采集	应采集
4	偏斜限位器			应采集	
5	联锁保护安全装置	门限位	应采集	应采集	
		机构之间的运行联锁	应采集	应采集	应采集
6	水平传感器				宜采集
7	抗风防滑装置			应采集	
8	风速仪装置			应采集	应采集
9	同一或不同一轨道运行机构防碰撞装置		应采集	应采集	应采集
10	垂直传感器				宜采集
11	超速保护装置		应采集	应采集	应采集
12	供电电缆卷筒安全限位			应采集	
13	起升机构制动器		宜采集	宜采集	应采集
14	过孔状态				应采集

（2）桥（门）式起重机安全监控管理系统的监控参数

桥（门）式起重机安全监控管理系统的监控参数，见表9-2。

桥（门）式起重机安全监控管理系统的监控参数　　　表9-2

序号	监控项目	桥式起重机	门式起重机	架桥机
1	起重量	√	√	√
2	起重力矩			
3	起升高度/下降深度	√	√	√
4	运行行程	√	√	√
5	幅度			
6	大车运行偏斜		√	
7	水平度			√
8	风速		√	
9	回转角度			
10	同一或不同一轨道运行机构安全距离	√	√	
11	操作指令	√	√	√
12	支腿垂直度			√
13	工作时间	√	√	√
14	累计工作时间	√	√	√
15	每次工作循环	√	√	√

（3）桥（门）式起重机安全监控管理系统的监控状态

桥（门）式起重机安全监控管理系统的监控状态，见表9-3。

桥（门）式起重机安全监控管理系统的监控状态　　　表9-3

序号	监控项目		桥式起重机	门式起重机	架桥机
1	起升机构制动器状态		√	√	√
2	抗风防滑状态			√	
3	联锁保护	门限位	√	√	
		机构之间的运行联锁	√	√	√

151

序号	监控项目	桥式起重机	门式起重机	架桥机
4	工况设置状态			
5	供电电缆卷筒状态		√	
6	过孔状态			√
7	视频系统[a]	√	√	√

注：对于门式起重机至少需观察到吊点、行走区域；对于桥式起重机至少需观察到吊点；对于架桥机至少需观察到过孔状态、架梁状态、运梁车同步状态

第十章 桥（门）式起重机的操作要求

第一节 索具的基本要求

起重机械索具，是指吊具与吊运重物有效联结的辅助用具，如用于捆绑重物并且联结吊钩的绳索、吊带、链条等。

1. 索具的购置、检验及档案管理

起重机使用单位必须购置经检验合格的索具。

起重机使用单位应按照质量保证体系的要求对已购置的索具进行检验、入库。

安全管理人员应对检验入库的索具建立安全技术档案，档案内容至少包括：

（1）索具出厂技术文件，如图纸、质量证明书、安装和安全使用、维护保养说明书。

（2）开始使用时间。

（3）日常使用、维护、保养、变更、检查和试验等记录。

2. 常用索具的安全使用要求和报废条件

（1）绳索

起重机用绳索主要有麻绳、纤维绳和钢丝绳，其中使用最多的是钢丝绳。钢丝绳绳索，如图 10-1 所示。

图 10-1 钢丝绳绳索

1）安全使用要求

① 新钢丝绳在开卷时必须按正确方法进行，应使卷绳轮转动放出钢丝绳；钢丝绳切断时，应有防止绳股散开的措施。

② 吊、捆用钢丝绳的端部必须有打结的钢绳环，其打结扣不得少于钢丝绳直径的 15 倍，以免脱扣。

③ 用钢丝绳吊物时，棱角处要加包垫，不准直接接触，捆绑时如多点或多圈受力一定要均匀。

④ 钢丝绳索具使用时，应将索具直接挂入吊钩的受力中心位置，不能挂在吊钩钩尖部位；两根及两根以上钢丝绳索具在使用时，应将所有索具直接对称挂入吊钩内，且注意钩内不能产生重叠和相互挤压。

⑤ 避免钢丝绳绳索与电焊机接触。

⑥ 避免钢丝绳与金属尖锐棱角间的摩擦。

⑦ 禁止钢丝绳从已经破损的滑轮上穿过。

⑧ 吊装角度不能超过 60°。

⑨ 使用钢丝绳吊运高温物件时，必须采取隔热措施，以防降低钢丝绳强度和使用寿命。

⑩ 钢丝绳应保持良好的润滑状态。

2）钢丝绳绳索出现以下情况之一时，应及时更换或报废

钢丝绳绳索的报废条件同起升机构用钢丝绳的报废条件相同，见"第十二章第一节中钢丝绳"内容。

（2）吊带

起重机用吊带，如图 10-2 所示。

图 10-2　吊带

1）安全使用要求

① 使用吊带前，除应注意需有吊带的额定载荷标识外，还应结合吊装安全系数的要求正确选择使用，严禁超负荷使用。

② 吊装时，不允许采用拴结方法进行环绕，应将吊带直接挂入吊钩受力中心位置，不能挂在吊钩钩尖部位；不能交叉、扭转吊带，不能让吊带打结、打拧，以防影响拉力，损伤吊带。

③ 吊装有锋利、尖角、快口的物件时，必须加护套、护角等来保护吊带，以免割伤吊带；当发现吊带的缝合线磨断、断股

及有割伤时，应立即停止使用。

④ 吊带两头吊扣与吊钩接触处，应经常检查，确保吊带能对称地挂在吊钩的中心位置。

⑤ 吊带环眼张开角度不应大于20°，避免吊装过程中环眼开裂，挪动吊带时不要在地面或在粗糙表面拖拉，防止磨伤吊带。

⑥ 吊带使用温度范围为$-40℃\sim100℃$。

⑦ 吊带不宜吊装酸性、碱性较强的物料。

⑧ 不应将物品压在吊带上，以避免吊带的损坏；不应试图将吊带从物品下面抽出来，以避免发生危险，正确的做法应是将物品垫起，留有足够的空间以便吊带顺利拿出来。

⑨ 使用时挂好吊扣，调整好吊带的接触面，以防滑落、脱钩。成套吊具使用时，应确保吊带受力均匀，严禁单根受力。

2）吊带出现以下情况之一时，应及时更换或报废

① 圆环型吊带承载芯线或带有红色警戒线吊带的警戒线裸露时。

② 吊带的两边多处局部破损，或破损、缺损达到吊带原宽度的10%时。

③ 吊带被利器割断、被尖锐物体划伤达到原截面积的5%时。

④ 吊带（含保护套）严重磨损、穿孔、切口、撕断、严重擦伤、带股松散、局部破裂时。

⑤ 承载接缝绽开、缝线磨断时。

⑥ 合成纤维出现软化或老化发黄、表面粗糙、剥落、弹性变小、强度减弱时。

⑦ 吊带出现死结时。

⑧ 吊带表面有过多的点状疏松、腐蚀、酸碱烧损以及热熔化或烧焦时。

（3）吊链

起重机用吊链，如图10-3所示。

1）安全使用要求

图 10-3 吊链

① 吊链使用前，应先全面检查，确认完好后，再投入使用；准备提升时，链条松弛部分应小心收紧，提升时，链条应伸直，不得扭曲，打结或者弯折。

② 吊链端部配件，如环眼吊钩，应按说明书的要求正确使用。

③ 多肢吊链通过吊耳链接时，一般分肢间夹角不应超过 60°（与铅垂线夹角 30°）。

④ 严禁使用已断裂或变形的吊链，严禁链条拉长后继续使用。

⑤ 吊装时吊链严禁承受振动荷载，严禁超负荷吊装。严禁将长环链、提升链用作吊链使用。

⑥ 根据使用频度、工况条件恶劣程度，对吊链链环焊接等进行定期检查，检查周期不应低于半年，最长不超过一年，并作检查记录。

2）吊链出现以下情况之一时，应及时更换或报废

① 裂纹或高拉应力区的深凹痕、锐利横向凹痕。

② 链环之间以及链环与端部配件连接接触部位磨损减小到原公称直径的 80%，其他部位磨损减小到原公称直径的 90%。

③ 链环发生塑性变形，伸长达原长的 5% 时。

④ 链环修复后、未能平滑过渡，或直径减小大于原公称直径的 10%。

⑤ 扭曲、严重锈蚀以及积垢，不能加以排除时。

⑥ 端部配件的危险断面磨损减小达原尺寸的 10%。

⑦ 有开口度的端部配件，开口度比原尺寸增加 10% 时。

⑧ 卸扣不能闭锁。

⑨ 肉眼或其他设备检查链环焊缝开裂或其他有害缺陷时。

⑩ 链环之间不灵活时。

（4）吊环

起重机用吊环，如图 10-4 所示。

1）安全使用要求

① 使用吊环前，应检查螺纹有无损伤，螺纹根部是否有弯曲、变形等现象，吊环规格是否符合起吊要求。

② 吊环在使用时必须拧紧，最好用扳手或圆钢用力扳紧，防止由于未拧紧而在吊环受力时打转使物件脱落，造成事故。

图 10-4　吊环

③ 吊环使用中若发现螺纹杆太长，须加垫片，拧紧后方可使用，以免外露的螺纹杆受力后，产生弯曲、断裂。

④ 吊环使用时必须注意其受力方向，垂直受力为最佳，严禁横向受力。当重物有两个以上吊点使用吊环时，索具间夹角一般应在 60°以内，以防吊环受到过大的横向力而造成弯曲变形，甚至断裂。在特殊情况下，可在两吊点之间加横吊梁来减少吊环所受的横向力。

⑤ 吊环上的裂纹或磨损不允许焊补。

2）吊环出现以下情况时，应及时报废

① 从吊环不弯曲的平面算起，扭曲超过 10°。

② 椭圆环内长 L（圆形环内径 D）变形率达 5％以上。

③ 吊环直径磨损和锈蚀超过名义尺寸的 10％。

图 10-5　卸扣

④ 吊环上出现裂纹、裂痕或凹槽。

（5）卸扣

起重机用卸扣，如图 10-5 所示。

1）安全使用要求

① 卸扣要正确地支撑载荷，避免卸扣的偏心载荷，即作用力需沿着卸扣的轴心线，以免弯曲。

② 严禁使用螺栓或者金属棒替代销轴。

③ 卸扣使用时，严禁超负荷使用及不稳定载荷的起吊。

④ 卸扣使用时，销轴在承吊孔中应转动灵活，不允许有卡阻现象。

⑤ 卸扣本体不得承受横向弯矩作用，即承载力应在本体平面内；在本体平面内承载力存在不同角度时，卸扣的最大工作载荷要有所调整。

⑥ 吊装时，卸扣承载的两索具件的最大夹角不得大于120°。

⑦ 卸扣使用时，如发现卸扣有裂纹、磨损严重或销轴弯曲等现象时，应停止使用。

⑧ 在与钢丝绳索具配套作为捆绑索具使用时，卸扣的销轴部分应与钢丝绳索具的锁眼进行连接，以免索具在提升时，钢丝绳与卸扣发生摩擦，造成销轴转动，导致销轴与扣体脱离。

⑨ 卸扣在高温使用时，应当减小适吊的载荷。

⑩ 起重作业完成后，严禁在高空中将拆下的卸扣往下抛掷，以防卸扣变形及内部产生不易发觉的裂纹损伤。

⑪ 卸扣不用时，应在其销轴的螺纹部分涂以润滑油，存放在干燥处，以防生锈。

2）卸扣出现以下情况时，应及时报废

① 扣体产生弯曲、拉长、破损或扭曲超过10°。

② 锈蚀、磨损超过名义尺寸的10%。

③ 扣体和销轴经探伤有裂纹。

④ 扣体和销轴发生明显变形。

⑤ 肉眼看出有裂纹和裂痕时，应更换或报废。

⑥ 销轴无法牢固地与本体连接。

⑦ 连接螺纹严重损坏。

⑧ 有焊接痕迹。

（6）钢板钳

钢板钳可适用于板材的吊装，起重机用钢板钳，如图10-6所示。

1) 安全使用要求

① 使用前先要检查咬头、垫片、齿间堵塞、磨损状态及其他异常现象，检查后再使用。

② 吊装时，钢板钳必须在容许荷重范围内使用，严禁超负荷使用。

③ 在起吊作业时，将夹钳口打开，稳固地夹持在所要起吊的重物上；拆卸时，应将重物着地后，在

图 10-6　钢板钳

无负荷的情况下，取下钢板钳。钢板在吊运时要水平。

④ 除使用竖吊钢板钳外，不得单边起吊钢板，钢板厚度应在钢板钳吊装厚度范围内。

⑤ 竖吊钢板钳一次只能夹持 1 块钢板。

⑥ 竖吊钢板钳只适用于钢板的竖直吊运，严禁用于钢板的水平吊运，在钢板起吊后如有严重倾斜，应重新安装竖吊钢板钳。

⑦ 吊装时严禁碰触、敲打或冲击钢板及钢板钳，严禁吊装时急剧移动或急剧停止吊物。

⑧ 钢板钳不适用于不锈钢板的吊装，钢板的被吊装部位不允许有油污。

2) 钢板钳出现以下情况时，应及时报废

① 横吊钢板钳

a. 钢板钳的钳牙磨损量达到原高度的 1/3，钳轴的磨损量达到原尺寸的 2.5%。

b. 钢板钳的钳牙有一个齿全崩或两个以上部分崩齿。

c. 任何部位发现变形且变形量超过原尺寸的 2%。

② 竖吊钢板钳

a. 钳牙的磨损高度达原高度的 10%。

b. 钳牙的两个齿崩刃，或一个齿全齿崩刃。

c. 钳轴或其他轴磨损量达原直径的 2.5%。

d. 钳轴或钳体的变形量达原尺寸的 1.5%。

e. 竖吊钢板钳整体活动不灵活，各滑动部件经润滑后仍不灵活。

f. 竖吊钢板钳受热，致使变形变色。

③ 翻转钢板钳

a. 钳口变形量达到原开口度的 2.5%。

b. 钳轴的磨损量或变形量达到原直径的 2.5%。

c. 钳轴孔的磨损量达原尺寸的 5%。

d. 有牙的零件，有一牙严重崩齿或有两个牙崩齿。

e. 牙的磨损使牙顶宽达 1.2mm 以上。

第二节　吊点的选择

起重作业中吊点的选择相当重要，一方面它影响着起重作业的安全，另一方面也影响着起重作业的效率。

1. 吊点选择的原则

起重作业选择吊点时，应遵循以下三个方面的原则：

（1）保证起重作业时物品的稳定。物品的稳定需满足两个条件，一是起重作业中，物品应具有可靠的稳定性；二是放置物品时也应具有可靠的稳定性。

（2）起重作业时，为防止提升、运行过程中发生物品的翻转、摆动、倾斜，应使吊点与被吊物品重心在同一条铅垂线上。

（3）起重作业时，应观察了解被吊物品的形状和重心位置，保证物品放置时的平衡稳定（立放的物品重心高，支承面小，其稳定性差；平放的物品重心低，支承面大，稳定性好）。

2. 吊点的选择

起重作业时，常采用以下几种方法选择吊点。

（1）试吊法

多数起重作业并不需要用计算法来准确计算物品的重心位

置，而是根据起吊经验估计物品的重心位置后，采用低位试吊的方法来逐步找到重心，确定吊点的绑扎位置。

（2）利用物品上的起吊耳环法

对于设有起吊耳环的物品，其耳环的位置及耳环强度通常是经过计算确定的，因此，在起重作业时，应使用耳环作为物品的吊点。在吊运物品前，只需检查耳环是否完好，必要时可加保护性辅助吊索。

（3）长形物品吊点选择方法

对于长形物品，若采用竖吊，则吊点应在重心之上。用一个吊点时，吊点位置应在距离起吊端 0.3L 处（L 为物品长度，以下相同）。起吊时，吊钩应向长形物品下支承点方向移动，以保持吊点垂直，避免形成拖拽，产生碰撞。采用两个吊点时，吊点距物品两端的距离为 0.2L 处。采用三个吊点时，其中两端的吊点距两端的距离为 0.13L，而中间吊点的位置应在物品中心。在吊运长形刚性物品时，由于物品变形小或允许变形小，采用多吊点时，必须使各吊索受力尽可能均匀，避免发生物品和吊索的损坏。

（4）方形物品吊点选择方法

方形物品起吊一般采用四个吊点，四个吊点位置选择在四边对称的位置上。

（5）平衡辅助吊点法

在物品安装精度要求较高时，为了保证物品安全顺利地安装，可采用辅助吊点配合简易吊具调节设备所需位置的吊装，通常采用手拉环链葫芦来调节物品的位置。

（6）物品翻转吊点选择方法

物品翻转常见的方法有兜翻，将吊点选择在物品重心之下，或将吊点选择在物品重心一侧，物品兜翻时应根据需要加护绳，护绳的长度应略长于物品不稳定状态时的长度，同时应指挥吊车，使吊钩顺着翻倒的方向移动，避免物品倾倒后的碰撞冲击。对于大型物品翻转，一般采用绑扎后利用几组滑车或主副钩或两台起重机在空中完成翻转作业。翻转绑扎时，应根据物品的重心位置、形状特点选择吊点，使物品在空中能顺利安全翻转。

第三节　吊具的使用要求

市政工程工地、房屋建筑工地用桥（门）式起重机的吊具主要是吊钩，个别情况下可能会用到电磁吸盘。

1. 当取物装置为吊钩时，应按以下的要求检查使用：

（1）严禁超负荷使用，吊钩在使用前，应检查吊钩上标注的钩号或额定起重量，额定起重量不得小于实际起重量，如没有标注或起重量标记模糊不清，应重新计算或通过其他途径（如查阅安全技术档案）来确定其额定起重量。

（2）起重作业前应对吊钩进行进一步检查，当确认完好，功能正常时方可投入使用。

（3）吊钩在使用过程中，应经常检查吊钩的表面情况，保持光滑、无裂纹、无刻痕和锐利边缘。

（4）起重作业时，吊钩的吊点应与被吊物品重心保持在同一条铅垂线上，使被吊物品处于稳定的平衡状态。

（5）挂索具时要将索具挂至吊钩底部，如需将吊钩直接钩挂在被吊物品的起吊耳环中时，不能强行摘挂，以免使钩身受侧向力，产生扭曲变形。

（6）对于经常使用的吊钩，每年要进行一次全面检查必要时还需进行无损检测。

（7）吊钩在使用过程中严禁碰撞。

（8）吊钩上有裂纹或磨损超标时，应立即更换，不允许焊补后使用。

2. 当取物装置为电磁吸盘时，应按以下的要求检查使用：

（1）起重作业前，先将被吊物品表面清理干净，如有锈皮和凸刺应清理，电磁吸盘的中心线最好与被吊物品的重心重合，然后进行起吊。

（2）起重作业时，严禁超负荷运行。严禁人员从被吊物品下面穿过，被吊物品温度和环境温度不得大于 80℃且无剧烈振动及冲击。

（3）起吊圆柱形物品时，应保持 V 形槽与物品接角为两条直线接触，因为它的起重力仅为额定起重力的 30％～50％。

（4）完成起重作业后，向内按动手柄按钮，使手柄上的保安键与保安销脱离，使电磁吸盘处于关闭状态，被吊物品与电磁吸盘脱离。

（5）完成起重作业后，应将电磁吸盘平稳放置于钢板上。

第四节 操 作 要 求

起重机的安全不仅取决于起重机的本体，而且还取决于司机的正确操作。

1. 司机的操作要求

（1）司机是起重机械安全操作和使用的直接实施者，应履行下列职责：

1）按照起重机械使用说明书和安全操作规程的要求正确操作起重机械，严禁违章操作。

2）做好起重机械的日常检查工作，认真填写检查与运行情况记录。

3）根据安全管理人员的安排，配合做好起重机械的定期维护保养、全面检查工作和法定检验前的准备工作。

4）认真学习相关安全技术知识，积极参加起重机械安全教育和安全技术培训。

5）在作业过程中发现事故隐患或者其他不安全因素时应立即向安全管理人员或单位主要负责人报告；当事故隐患或者其他不安全因素可能会直接危及生命和财产安全时，应立即停止作业并在采取可能的应急措施后撤离作业现场。

6）参加应急救援演练，掌握相应的基本救援技能。

（2）安全操作要求

为保障起重机械的安全使用，司机在操作起重机时应严格遵守以下规定。

1）通用规定

① 起重机械作业人员必须经专业培训和考核，取得特种设备作业人员资格证后方可从事相应工作。

② 司机在熟悉安全保护装置功能的前提下，也应能熟练掌握起重机械的操作方法。

③ 操作起重机械时，司机不允许从事分散注意力的其他操作；体力和精神不适时，不得操作起重机械。

④ 必须用手柄、按钮等控制装置来操纵，禁止使用极限位置限制器来停车，严禁起升机构、起重机运行机构和小车运行机构同时动作。

⑤ 司机必须按照指挥人员的指挥信号进行操作；当起重机的操作不需要指挥人员时，司机应负有整个起重作业过程的责任。无论何时，司机随时都应执行来自任何人发出的停止信号。如遇指挥信号不明或发现指挥信号有错误，司机有权不开车。

⑥ 司机在工作前应对起重机各控制装置、安全装置及主要零部件进行仔细检查，确认灵活、可靠后方可使用；如果发现不正常，应在起重机械修理和调试好后再运行。

⑦ 在接通电源或开动起重机械之前，司机应查看所有控制器，使其处于"零位"或空挡位置。对于电源切断装置或启动控制器有报警信号时，在指定人员取消这类信号之前，司机不得接通电源或启动控制器。

⑧ 如果在作业期间发生供电故障，司机应该做到下列要求：

a. 在适合的情况下，使制动器上闸或设置其他保险装置。

b. 应切断所有动力电源或使控制手柄、离合器处于空挡位置。

c. 如重物吊在半空中或锁具未脱钩，司机和指挥人员不得离开岗位，同时警戒任何人不得通过危险区；如果可行，可借助对制动器的控制将悬吊重物放到地面。

⑨ 在离开无人看管的起重机之前，司机应做到以下要求：

a. 被吊重物应下放到地面，不得悬吊。

b. 使运行机构制动器上闸或设置其他的保险装置。

c. 把吊具起升到规定位置。

d. 根据情况，断开电源或脱开主离合器。

e. 将所有控制器置于"零位"或空挡位置。

f. 固定起重机防止发生意外的移动。

g. 当采用发动机提供动力时，应使发动机熄火。

h. 露天工作的起重机，当有超过工作状态极限风速的大风警报或起重机处于非工作状态时，为避免起重机移动应采用夹轨器和/或其他抗风抗滑装置使起重机固定。

⑩ 载荷的吊运

a. 载荷在吊运前应通过各种方式确认载荷的质量，不得起吊超过额定载荷和载荷不明的物品。为保证起吊的稳定性，应通过各种方式确认起吊载荷质心，确立质心后，应调整起升装置，选择合适的索具和起升系挂位置，保证载荷起升时均匀平衡，没有偏斜和倾覆的危险。

b. 系挂物品的索具不能缠绕在物品上；物品要通过索具与取物装置有效连接。

c. 在开始起吊前，应检查绳索、吊带、链条等不产生扭结；多根钢丝绳或链条不得缠绕在一起；采用吊钩的起吊方式时应使载荷转动最小；如有松绳现象，应进行调整，确保钢丝绳在卷筒或滑轮位置上的松弛被排除；尽可能考虑风对载荷及起重机械的影响，避免产生较大晃动；起吊载荷不得与其他物体卡住或连接；索具应尽可能保持垂直，不得歪拉斜吊和利用起重机拖拉重物（为特殊工况设计的起重机械除外）。

d. 起吊过程中要时刻注意，起吊载荷时不得突然加速和减速。载荷和索具间不得与任何障碍物刮碰。对无反接制动性能的起重机，除特殊紧急情况外，不得利用打反车进行制动。

e. 移动载荷时应确保载荷在运行轨迹上应与地面和障碍物保持一定的安全间距。不得将载荷从人员上方通过，严禁用起重机将人与物一同提升或吊运。

f. 悬停载荷时，司机不允许离开控制器，如果载荷悬停在空中的时间比正常提升操作时间长时，在司机离开控制器前应保证禁止起重机械做任何方向的运行等其他方向的运动并采取必要的预防措施。任何人不得在悬停载荷的下方停留或通过。

g. 吊运熔融金属、有毒物品、易燃易爆物品或者所吊物品接近额定载荷时，应先慢速进行将物品吊离地面较小高度的预操作，试验制动器的制动性能。

h. 要避免起重机的突然起动和停止。吊运速度应限制在物品允许摆动的半径范围内。当物品的摆动有危险时，应做出明显标志或限定的轮廓线。

⑪ 司机应熟悉起重机的日常维护，起重机在运行过程中，禁止人员的一切上下和检查、维修工作。

⑫ 室外作业的起重机械，当风速超过制造厂规定的最大工作风速或遇雾天、雨雪天等恶劣气候时应停止作业；夜晚起重作业时应有足够的照明，且应经有关部门批准。

⑬ 无线信号传输控制的起重机械，操作人员应确保在规定的限制区域内操作。操作停止或短期离开时，操作人员应妥善保管好遥控器并应及时关闭遥控器。

⑭ 司机应熟练掌握如"稳钩操作""制动器失灵紧急操作"等各种常规的基本操作技能。

2）桥（门）式起重机地面操作专项规定

① 司机操作前应确认操作处于易见方位；并确保司机应面对起升吊钩进行操作，不允许操纵电缆与起升钢丝绳交叉时操作。

② 司机行走路线应与起重机行驶路线保持一致，不得倒退行走操作起重机；司机不得站在起重机下部，应与重物保持一定的安全操作距离。

③ 司机操作前应明确手电门按钮标志及功能，并验证方向是否正确及急停开关是否有效。

④ 确认吊具与索具间处于正常，没有挂扯其他物件时，方可按动手电门按钮。

⑤ 在吊具处于最低位置时，卷筒上的钢丝绳必须保证有不少于2圈的安全圈数。

⑥ 应时刻观察电动葫芦、起重机运行机构的工作状态，发现有异常声响及振动时应立即停止操作。

⑦ 跟随式操作不得操纵运行速度超过 45m/min 的起重机，不允许同时操纵两台及两台以上的起重机。

⑧ 起重机运行过程中，重物不得随意靠近任何人员。

⑨ 翻转吊载时，司机必须站在翻转的反侧，确认翻转方向无其他作业人员时，再进行操作。

⑩ 为减小吊载的摆动与冲击，可以采取反向动作控制等方法进行及时的稳钩。

⑪ 严格按照使用说明书所规定的工作条件使用起重机，吊运熔融金属、有毒物品和易燃易爆物品时应符合相关要求。

3）桥（门）式起重机司机室操作专项规定

① 开车前应对起重机的运行范围、轨道顶面的障碍物、控制机构上的锁定保护装置和紧固装置的状况进行检查。

② 起动要平稳，操纵控制器时，必须按挡次顺序进行，不得高挡位起动。吊具转动时不允许起升，防止钢丝绳跳槽。

③ 需改变运行方向时，应将控制手柄扳至"零位"，当机构完全停止后再换向起动。

④ 起重机或小车运行至接近终端时，应降低速度。严禁将行程限位开关作为停车手段使用，也不允许用打反车的方法达到制停的目的。起重机安全装置不应作为停止操作的常规手段。

⑤ 司机应按规定对下列各项作业鸣铃报警：

a. 起动后即将开动前。

b. 起升、下放重物，开动大、小车运行时。

c. 靠近相邻的其他起重机时。

d. 重物在吊运中接近地面工作人员时。

e. 在通道上方吊运重物运行时。

f. 在吊运过程中起重机发生故障时。

⑥ 对双吊钩（主、副钩）起重机，不准同时用两个吊钩分别吊两个物品，不工作的吊钩应升至接近上极限高度的位置，且不准带挂索具。

⑦ 对双吊钩起重机，在主、副吊钩换用或两钩高度接近时，应只有一个单独工作，以免两钩相碰。

⑧ 同一跨度内有多台起重机工作时，两台起重机间应保持1.5m以上的安全距离。因作业需要必须接近时，应经邻机同意，但最小距离应在0.3m以上。不允许利用一台起重机去推动另一台起重机进行工作。

⑨ 抓斗、电磁吸盘或真空吸盘式起重机特殊规定：

a. 在特殊工况下使用抓斗或电磁吸盘搬运重物时，不仅应将抓斗、电磁吸盘或其他取物装置的质量与载荷一同估算，而且还应考虑由于起重机快速移动、抓斗吸附效应、撞击等引起的附加载荷。通常抓斗和抓取的物料或电磁吸盘和吸附的物料的总质量应小于起重机在正常工作状态下对应的额定起重量。

b. 抓斗或电磁吸盘工作时，应保证吊具随行电缆与起升钢丝绳运行速度一致，不得使抓斗、电磁吸盘转动，以免电缆与钢丝绳相互缠绕发生事故。

c. 不允许用抓斗抓取整块物料，避免吊运过程中物料的滑脱。

d. 电磁吸盘应小心地下降至物品上，未与被起升物品接触，不应通电。在操作中不允许碰到固体障碍物。电磁吸盘不应吸附高温炽热金属。

e. 当发现电磁吸盘有残磁时（切断电源后有部分重物不能掉离电磁吸盘），应停机进行检修。电磁吸盘不使用时应断电，防止磁铁过热；电磁吸盘不应搁置在地面上而应放在木质平台上。

f. 真空吸盘只能起吊表面与真空衬垫相适合的重物，重物表面无任何松散物质，防止真空衬垫不能有效地接触重物表面。

⑩ 严格按使用说明书规定的工作条件使用起重机，通用起重机不得吊运熔融金属、炽热金属、有毒物品和易燃易爆物品。

⑪ 作业完成后，应将起重机开到指定停车位置，小车开到司机室一侧，吊钩升至接近上极限位置（抓斗、电磁吸盘等吊具放到地面），控制器全部扳到零位，切断电源，并清扫擦拭，保持清洁。对露天工作的起重机，不工作时除应开到停车位置处，还应可靠地锚固。

2. 司索工的操作要求

起重司索是指在起重作业中对物体进行绑扎、挂钩、起吊、就位等作业。司索工是指吊装作业中主要从事地面工作的人员，这些人员主要准备吊具索具、捆绑、挂钩、摘钩、卸载等，多数情况还担任指挥任务。

（1）司索工岗位职责

1）必须熟悉各类起重工具、设备和机械的安全操作注意事项。

2）掌握吊钩、绳索及其他起重工具性能和报废标准。

3）具有绑扎、吊挂知识和熟悉起重指挥信号。

4）作业前严禁饮酒，必须穿戴好劳保用品，做好工作计划，各人明确自己任务，并检查施工现场是否符合要求。

5）接班时，应对吊索具及起重设备进行检查，发现不正常时必须在操作前排除。

6）在工作前，应检查工具、属具是否安全可靠，有可能危及安全的，立即调换。

7）根据吊运物件正确选用吊运工具和吊运方法，选择绑扎点，绑扎要牢固，尖锐边角处要用软物垫好。

8）工作时应事先清理吊运地点及运行通道上的障碍物，招呼无关人员避让并为自己选择安全位置。

9）吊运重物时尽可能不离地面太高。在任何情况下都要禁止吊运重物从人的上空越过。所有人员不准在重物下停留或行走，禁止将重物长时间悬吊在空中。

10）工作中禁止用手直接校正已被重物胀紧的绳索，吊运中发现绑扎松动或吊运工具发生异样、怪声时应立即停止作业进行检查，绝不可存在侥幸心理。

11）吊运物体时，应将附在物体上的活动件和绑扎后留下的不受负荷的绳头固定好，以防吊物移动时活动件伤人。

12）禁止用人身重量来平衡吊运物体或以人力支撑物体起吊，绝对不允许站在物体上同时吊运。

13）工作结束后，固定吊机，收回工索具，将可用工索具擦净油垢做好维护保养，并放到指定位置。

（2）司索工操作要求

司索工与起重指挥人员是起重作业整个实施过程的重要组成人员。重物的正确捆绑吊挂及准确无误的指挥是整个起重作业安全的关键环节之一。因此要求司索工与起重指挥人员必须熟练掌握物体捆绑的基本知识，合理选用吊索具，正确运用起重指挥信号，严格执行司索工与起重指挥作业的安全技术操作规程。

1）司索工作业前的准备工作

① 技术准备

在起重指挥组织下，学习和掌握作业方案及安全技术要求，听取技术与安全交底，了解掌握吊点位置和吊件的捆绑方法。

② 工具与索具的准备

检查并落实作业所需要工具、索具的种类、规格、件数及完好程度。

③ 现场准备

对作业现场进行地貌勘察，熟悉作业场地，排除作业的障碍物，检验地面平整及耐压程度。查看吊物、校核重量、了解重心。实地检查有无影响物体起升的因素。

2）司索工作业中的安全职责

① 认真执行起重吊运方案及技术、安全要求和措施，正确使用物体捆绑的方法，熟悉指挥信号。

② 不歪拉斜吊，不起吊不明重量、半掩埋、与地面冻结、连挂于其他物件的吊物。

③ 做好作业过程中的监护工作，非作业人员不得进入作业区。任何人不得留在起吊物体下方。

④ 起升应平稳，避免振动和摆动。当吊物离地 100～200mm 时，应停机检查捆绑的牢固程度，查询起重机的稳定程度以及吊具、索具有无异常，严禁解除吊索具和放松溜绳。

⑤ 在室外作业时，遇有 6 级大风、浓雾、雨雪等不良气候应停止作业，夜晚进行作业应有足够的照明条件。

⑥ 在起重作业过程中，如发生异常或不明情况时，应及时报告起重指挥。

⑦ 保障吊件的安全，避免损伤。

3. 指挥人员的基本要求

在起重作业中，司索工通常也是指挥人员，只有在特大型或超大型起重作业中，司索工和指挥人员的职能才有所区分。

指挥人员应负有将信号从司索工传递给司机的责任。指挥人员可以代替司索工指挥起重机械和载荷的移动，但在任何时候只能由一人负责。

在起重机械工作中，如果把指挥起重机械安全运行和载荷搬运的工作职责移交给其他有关人员，指挥人员应向司机说明情况。而且，司机和被移交者应明确其应负的责任。

指挥人员应具备下列条件：

（1）具备相应的文化程度。

（2）年满 18 周岁。

（3）在视力、听力和反应能力方面能胜任该项工作。

（4）具有判断距离、高度和净空的能力。

（5）经过起重作业指挥信号的培训，理解并能熟练使用起重作业指挥信号。

（6）需要使用听觉设备（如对讲机）时，能熟练使用该设备并能发出准确、清晰的口令。

（7）熟悉起重机的性能及相关参数，具有指挥起重机和载荷安全移动的能力。

（8）具有担负该项工作的资质。出于培训的目的，在专业技术人员指挥监督下的操作除外。

第十一章 桥（门）式起重机的作业管理

第一节 安全管理要求

1. 作业人员

起重机械作业人员具有良好的素质是保证起重机械安全使用的前提，根据《中华人民共和国安全生产法》《中华人民共和国特种设备安全法》和《建筑施工特种作业人员管理规定》（建质〔2008〕75 号）等规定，必须经专门的安全作业培训，取得相应资格，方可上岗作业。

作业人员应定期或不定期地接受安全管理人员或安全管理机构根据本单位起重机械的品种型式、性能状况和相关制度要求所进行的岗位培训和教育，不断提高自身的技能水平，全面掌握所从事作业的起重机械的操作技能和预防事故的知识。

（1）所在单位内部培训一般应包括

1）安全生产和特种设备管理方面的现行法律法规。

2）起重机械相关的技术标准和检验要求。

3）起重机械的基本结构、工作原理、性能特点。

4）起重机械安全保护装置的种类与作用。

5）起重机械的安全操作、应急救援和日常管理。

6）起重机械事故及防范。

7）日常的岗前安全教育等。

作业人员有义务在起重机械安装调试完毕后接受投入使用前的实际操作训练和使用维护须知的培训；对有特殊用途或控制较复杂的起重机械还应接受专项培训。

（2）接受生产单位的使用和管理培训应包括

1）起重机械性能、特点的说明。

2）起重机械操纵方式的演示。

3）日常维护检查和使用须知。

4）常见故障现象清除。

5）应急操作、逃生措施及常见救援手段。

2. 作业安全管理

为保障起重机械的安全使用，起重机司机、指挥工和司索工等起重机械作业人员以及安全管理人员在操作和管理起重机械时应严格遵守以下规定。

起重机械作业人员在起重作业过程中，应严格按照"第十章桥（门）式起重机的操作要求"执行。

起重机械使用单位应配备专职或兼职安全管理人员。当使用各类特种设备（不含气瓶）总量 20 台以上（含 20 台）时应当配备专职安全管理员，并应取得相应的特种设备安全管理人员资格证书。安全管理人员是具体负责起重机械使用安全管理的人员，其在起重机械的安全管理中应行使以下的职责：

（1）组织建立起重机械安全技术档案。

（2）办理起重机械使用登记。

（3）组织制定起重机械操作规程。

（4）组织开展起重机械安全教育和技能培训。

（5）组织开展起重机械定期自行检查。

（6）编制起重机械的定期检验计划，督促落实定期检验和隐患治理工作。

（7）按照规定报告起重机械事故，参加起重机械事故救援，协助进行事故调查和善后处理。

（8）发现起重机械事故隐患，立即进行处理，情况紧急时，可以决定停止使用起重机械，并且及时报告本单位安全管理负责人。

（9）纠正和制止起重机械作业人员的违章行为。

第二节 日常检查要求

根据相关法律法规、规章和安全技术规范的规定，起重机械应进行经常性的自行检查和日常维护保养检查，检查记录应纳入起重机械的安全技术档案。

1. 日常检查

日常检查应根据每台起重机的具体特点确定日常检查项目和检查要求。日常检查是每位起重机械作业人员在每日（或每班）操作起重机械前对该起重机械基本安全状况、在操作过程中发现的运行故障及隐患进行的检查确认以及作业结束后认真填写检查记录的例行性工作。

检查记录包括日常使用状况记录、运行故障和事故记录和交接班记录等。

桥（门）式起重机日常检查的主要项目及基本要求，见表 11-1。

桥（门）式起重机日常检查的主要项目及基本要求　表 11-1

序号	主要项目	基本要求
1	金属结构及连接	主梁、端梁、支腿等金属结构无明显变形、腐蚀，工字钢轨道无明显磨损、反边；螺栓联接可靠，焊缝无脱焊
2	吊钩及吊具	吊钩磨损及变形量不超过相应要求，防脱钩装置有效，转动灵活；其他吊具的功能符合设计要求
3	钢丝绳	无断股、弯折、绳芯外露现象，润滑良好，断丝数及钢丝绳直径符合相关技术要求
4	起重用短环链	应无爬链、卡链现象
5	传动零部件	减速器、传动轴、联轴器、滑轮、卷筒、制动器等零部件工作正常，无明显噪声和磨损，连接可靠，无松动
6	操纵盒（器）	各按钮功能正常，操纵灵活可靠，标志清晰，动作方向与实际一致，无破损，绝缘良好

序号	主要项目	基本要求
7	联锁保护	应无缺损、短接、绑扎等现象；电气联锁装置应正常可靠
8	安全保护装置	高度限位和大小车运行限位、超载保护、各机构缓冲器及止挡、电动葫芦导绳器等保护装置功能正常有效
9	馈电装置	滑线、集电器、随行电缆等运行可靠，无破损、弯折和接触不良等现象
10	各机构运行状况	起升机构和大小车运行机构运行可靠、平稳，制动无过松、单侧或失效现象

2. 日常检查基本要求

（1）起重机械的日常检查工作，应当由使用单位的起重机械作业人员实施。

（2）使用单位无能力进行日常检查时，应当委托具有起重机械制造、安装、改造修理许可资格的单位实施，但必须签订相应委托合同，明确委托的内容和责任。委托合同至少应包括以下内容：

1）日常检查的施工性质、内容，执行的标准和要求。

2）日常检查起止日期和维护保养频次。合同期限一般应不少于1年。

3）在故障响应时间、应急救援和配合重大活动等方面的约定。

4）双方的其他权利和义务。

（3）停用1个月以上的起重机械，应有停用记录。启用前应进行一次全面的检查和维护保养并记录。

（4）维护保养单位（包括企业自保）应按国家安全技术规范、标准和安装使用维护说明书的要求对起重机械实施日常检查，并落实维护保养现场的安全防护措施。

（5）应制定《起重机械日常检查作业指导书》，保证起重机械安全技术性能持续符合安全技术规范和标准的要求。《起重机械日常检查作业指导书》至少应包括以下内容：

1）起重机械日常检查的项目、内容、方法和要求。

2）起重机械日常检查时安全防护措施。

3）维护保养单位（包括自保）编制年度日常检查计划及实施要求。

3. 日常检查安全注意事项

（1）将起重机械移至不影响其他起重机械工作的位置，对因条件限制不能做到时，应挂安全警告牌、设置监护人并采取防止撞车和触电的措施。

（2）将所有控制器手柄置于零位。

（3）起重机械的下方区域应用红白带围起来，禁止无关人员通行。

（4）切断电源，拉下闸刀，取下熔断器，并在醒目处挂上"送电危险、禁止合闸"的警告牌或派专人监护。

（5）登高使用的梯子应有防滑措施，且有专人监护等。

第三节 维护保养要求

为持续保持起重机械的正常工作状态，根据相关法律法规、规章和安全技术规范的规定，起重机械应当定期的维护保养，维护保养记录应存入起重机械的安全技术档案。

1. 维护保养

（1）起重机械的维护保养，重点对主要受力结构件、安全保护装置、工作机构、操纵机构、电气（液压、气动）控制系统等进行清洁、润滑、检查、调整、更换易损件和失效的零部件。维护保养的具体内容及频次可根据安全技术规范和该起重机械的使用维护设计文件、实际使用情况、环境因素及易磨损、易失效部件的出现概率综合考虑。维护保养的目的是确保起重机械及其零部件的工作状态正常，保证其设计功能，延长其使用寿命。

（2）维护保养间隔时间及内容是根据起重机械的实际使用特点及零部件、整机现状，参考起重机械设计维护说明来定的。部分项目及内容可结合日常的使用检查（如起重机操纵室的清洁、主要受力部件和安全装置的检查等），此类项目一般由司机负责完成；部分项目及内容又可结合定期自行检查（如对受力构件的检查、螺栓联接件的坚固、制动器的调整等）；另外一部分项目及内容又可结合全面检查（如减速器油更换，旋转部件润滑等）。

2. 维护保养基本要求

（1）起重机械的维护保养工作，应当由使用单位的起重机械作业（机械或电气）人员实施；定期自行检查和年度全面检查，应当由使用单位的起重机械安全管理人员负责组织实施。

（2）使用单位无能力进行维护保养、定期自行检查和年度全面检查时，应当委托具有起重机械制造、安装、改造修理许可资格的单位实施，但必须签订相应委托合同，明确委托的内容和责任。委托合同至少应包括以下内容：

1）维护保养的施工性质、内容，执行的标准和要求。

2）维护保养起止日期和维护保养频次。维护保养周期每月不少于一次，全面检查每年至少一次。合同期限一般应不少于1年。

3）在故障响应时间、应急救援和配合重大活动等方面的约定。

4）双方的其他权利和义务。

（3）停用1个月以上的起重机械，应有停用记录。启用前应进行一次全面的检查和维护保养并记录。

（4）维护保养单位（包括企业自保）应按国家安全技术规范、标准和安装使用维护说明书的要求对起重机械实施维护保养，并落实维护保养现场的安全防护措施。

（5）应制定《起重机械维护保养作业指导书》，保证起重机械安全技术性能持续符合安全技术规范和标准的要求。《起重机械维护保养作业指导书》至少应包括以下内容：

1）起重机械的维护保养（含年度全面检查）的项目、内容、方法和要求。

2）起重机械维护保养施工作业安全防护措施。

3）维护保养单位（包括自保）应编制年度维护保养（含年度全面检查）计划及实施要求。

3. 维护保养安全注意事项

（1）将起重机械移至不影响其他起重机械工作的位置，对因条件限制不能做到时，应挂安全警告牌、设置监护人并采取防止撞车和触电的措施。

（2）将所有控制器手柄置于零位。

（3）起重机械的下方区域应用红白带围起来，禁止无关人员通行。

（4）切断电源，拉下闸刀，取下熔断器，并在醒目处挂上"送电危险、禁止合闸"的警告牌或派专人监护。

（5）在维护保养供电滑线时，必须将配电室的电源开关断开，并填好工作票，挂好工作牌，同时将供电滑线短接后接地。

（6）更换的零部件必须逐件清点，妥善处理，不得乱放和遗留在起重机械上。

（7）在禁火区动用明火时，需办理动火手续并配备相应的灭火器材。

（8）登高使用的梯子应有防滑措施，且有专人监护。

（9）手提行灯电压应为 36V 及以下的安全电压，且有防护罩。

（10）露天工作的起重机械，遇 6 级及以上大风时，应立即停止高处作业及维护保养工作。

（11）维护保养后先进行检查再进行润滑，然后试车验收，确定合格后方可投入使用。

第十二章 桥（门）式起重机主要 零部件的报废和常见故障

第一节 主要零部件的报废

起重机械可能会因制造质量的不佳或不正确的使用，造成主要零部件的失效或故障而影响正常的生产和使用。失效是产品完成要求功能能力的中断，是一次事件，而故障则是产品不能完成要求功能的一种状态。故障通常是由产品自身失效引起的，但即使失效未发生，故障也可能存在。当起重机械主要零部件的失效达到一定程度时，就应报废、更换，以确保起重机械的使用安全。

1. 吊钩

吊钩是起重机械中最常用的取物装置。吊钩会因长期的使用、不正确的使用等因素产生磨损、变形甚至断裂的情形而引发事故，为此，当吊钩出现或达到以下情况之一时，必须予以报废。

（1）锻造吊钩，如图 12-1 所示。

有缺陷的锻造吊钩：

1）表面裂纹。

2）危险断面的磨损量 Δs 超过基本尺寸的 5%。

3）吊钩钩口的开口尺寸 a_2 或 y 超过使用前基本尺寸的 10%。

4）钩身的扭转角 α 超过 10°。

5）吊钩钩柄产生塑性变形。

6）钩柄直径 d_1 腐蚀的尺寸超过基本尺寸的 5%。

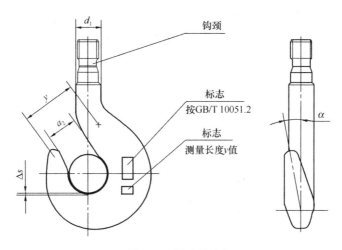

图 12-1　锻造吊钩

7）吊钩的螺纹不得腐蚀。

8）对吊钩的缺陷进行了补焊。

（2）叠片式吊钩

1）表面裂纹。

2）每一钩片侧向变形的弯曲半径小于板厚的 10 倍。

3）危险断面的总磨损量达名义尺寸的 5%。

4）板钩衬套磨损达原尺寸的 50% 时，应报废衬套。

5）板钩心轴磨损达原尺寸的 5% 时，应报废心轴。

6）板钩防磨板磨损达原厚度的 50% 时，应报废防磨板。

7）板钩铆钉松弛或损坏，使板间间隙明显增大，应更换铆钉。

8）对叠片式吊钩的缺陷进行了补焊。

2. 钢丝绳

钢丝绳是起重机械中非常重要的一个零部件，其性能的优劣和质量的好坏直接影响着起重机械的使用安全，为确保起重机械的安全使用，需对钢丝绳的缺陷和缺陷的严重程度进行识别和评估，最终给出钢丝绳是否可以继续使用的判断。

（1）钢丝绳常见的缺陷形式

钢丝绳常见的缺陷形式，如图 12-2 所示。如钢丝绳绳股断裂，如图 12-2（a）所示、绳股散股，如图 12-2（b）所示、笼状畸变，如图 12-2（c）所示、绳股或绳芯挤出/扭曲，如图 12-2（d）所示、钢丝挤出，如图 12-2（e）所示、局部压扁，如图 12-2（f）所示、扭结，如图 12-2（g）所示、弯折，如图 12-2（h）所示、外部磨损，如图 12-2（i）所示、外部腐蚀，如图 12-2（j）所示、内部腐蚀，如图 12-2（k）所示等。

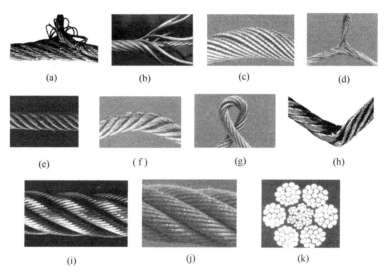

图 12-2　钢丝绳常见的缺陷形式

（2）钢丝绳的报废条件

当钢丝绳出现下列情况之一时，应当予以报废。

1）不同种类钢丝绳需报废时的可见断丝数，见表 12-1。

不同种类钢丝绳需报废时的可见断丝数　　　　表 12-1

序号	可见断丝的种类	报废基准
1	断丝随机地分布在单层缠绕的钢丝绳经过一个或多个钢制滑轮的区段和进出卷筒的区段，或者多层缠绕的钢丝绳位于交叉重叠区域的区段	单层和平行捻密实钢丝绳、阻旋转钢丝绳见《起重机钢丝绳保养、维护、检验、报废》GB/T 5972—2016 中的表 3、表 4

序号	可见断丝的种类	报废基准
2	在不进出卷筒的钢丝绳区段出现的呈局部聚集状态的断丝	如果局部聚集集中在一个或两个相邻的绳股，即使 $6d$ 长度范围内的断丝数低于 GB/T 5972 中表 3 和表 4 的规定值，可能也要报废钢丝绳
3	股沟断丝	在一个钢丝绳捻距（大约为 $6d$ 的长度）内出现两个或更多的断丝
4	绳端固定装置处的断丝	两个或更多的断丝

2）钢丝绳直径减少量达到或超过公称直径的 7%。

3）钢丝绳直径有明显的局部减小，如由绳芯或钢丝绳中心区损伤导致的直径局部减小。

4）钢丝绳发生整股断裂。

5）钢丝绳因腐蚀（钢丝腐蚀和钢丝绳表面腐蚀）需报废的条件，见表 12-2。

钢丝绳因腐蚀需报废的条件　　　　表 12-2

腐蚀类型	状态	严重程度分级
外部腐蚀	表面存在氧化迹象，但能够擦净； 钢丝表面手感粗糙； 钢丝表面重度凹痕以及钢丝松弛	浅表——0%； 重度——60%； 报废——100%
内部腐蚀	内部腐蚀的明显可见迹象——腐蚀碎屑从外绳股之间的股沟溢出	报废——100% 或 如果主管人员认为可行，则按 GB/T 5972 中附录 C 所给的步骤进行内部检验

腐蚀类型	状态	严重程度分级
摩擦腐蚀	摩擦腐蚀过程为：干燥钢丝和绳股之间的持续摩擦产生钢质微粒的移动，然后是氧化，并产生形态为干粉（类似红铁粉）状的内部腐蚀碎屑	对此类迹象特征宜作进一步探查，若仍对其严重性存在怀疑，宜将钢丝绳报废（100%）

6）钢丝绳失去正常形状而产生的可见形状畸变都属于畸形。畸形通常发生在局部，会导致畸形区域的钢丝绳内部应力分布不均匀。只要钢丝绳的畸变（自身状态）被认为是危险的，就应立即报废。

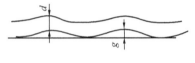

图 12-3　钢丝绳的波浪形

7）在任何条件下，只要波浪形（图 12-3）出现以下情况之一时，钢丝绳就应报废。

① 在从未经过、绕进滑轮或缠绕在卷筒上的钢丝绳直线区段上，直尺和螺旋面下侧之间的间隙 $g \geqslant 1/3 \times d$。

② 在经过滑轮或缠绕在卷筒上的钢丝绳区段上，直尺和螺旋面下侧之间的间隙 $g \geqslant 1/10 \times d$。

8）出现篮形或灯笼状畸形的钢丝绳应立即报废，或者将受影响的区段去掉，但应保证余下的钢丝绳能够满足使用要求。

9）发生绳芯或绳股突出（这是篮形或灯笼状畸形的一种特殊类型）的钢丝绳应立即报废，或者将受影响的区段去掉，但应保证余下的钢丝绳能够满足使用要求。

10）钢丝突出通常成组出现在钢丝绳与滑轮槽接触面的背面，发生钢丝突出的钢丝绳应立即报废。

11）钢芯钢丝绳直径增大 5% 及以上，纤维芯钢丝绳直径增大 10% 及以上，应查明其原因并考虑报废钢丝绳。

12）钢丝绳的扁平区段经过滑轮时，可能会加速劣化并出现断丝。此时，不必根据扁平程度就可考虑报废钢丝绳。

13）发生扭结的钢丝绳应立即报废。

14）折弯严重（如果在折弯部位的底面伴随有折痕，无论其是否经过滑轮，均宜看作是严重折弯）的钢丝绳区段经过滑轮时可能会很快劣化并出现断丝，应立即报废钢丝绳。如果折弯程度并不严重，钢丝绳需要继续使用时，应对其进行更频繁的检查，否则宜考虑报废钢丝绳。

15）在常温下工作的钢丝绳，受到异常高温的影响，外观能够看出钢丝被加热过后颜色的变化或钢丝绳上润滑脂的异常消失，应立即报废。如果钢丝绳的两根或更多的钢丝局部受到电弧影响（例如焊接引线不正确的接地所导致的电弧），应报废。这种情况会出现在钢丝绳上的电流进出点上。

3. 车轮

车轮除需保证起重机运行机构和小车运行机构的稳定运行外，还需支撑、传递起重机械（含起重小车）的自重和额定载荷。当车轮出现下列情况之一时，应当予以报废。

（1）影响使用性能的裂纹或破损等缺陷。

（2）轮缘厚度磨损达到原厚度的 50%。

（3）轮缘弯曲变形达到原厚度的 20%。

（4）踏面厚度磨损达到原厚度的 15%。

（5）当运行速度低于或者等于 50m/min，车轮椭圆度达到 1mm 时；当运行速度高于 50m/min 时，车轮椭圆度达到 0.1mm 时。

4. 卷筒

卷筒主要用于缠绕起升钢丝绳，当卷筒出现下列情况之一时，应当予以报废。

（1）影响使用性能的裂纹或破损等缺陷。

（2）卷筒壁磨损达到原壁厚的 20%。

5. 缓冲器 (缓冲装置)

缓冲器 (缓冲装置) 主要用于吸收或消耗起重机械失控时撞击所产生的能量。当缓冲器 (缓冲装置) 出现下列情况之一时, 应当予以报废。

(1) 产生腐蚀、裂纹或破损等。

(2) 产生塑性变形。

6. 滑轮

当滑轮出现下述情况之一时, 应当予以报废。

(1) 影响性能的表面缺陷 (如裂纹、轮缘破损等)。

(2) 轮槽不均匀磨损达 3mm。

(3) 轮槽壁厚磨损达原壁厚度的 20%。

(4) 因磨损使轮槽底部直径减少量达钢丝绳直径的 50%。

7. 制动器

市政工程工地、房屋建筑工地桥 (门) 式起重机中的制动器, 目前采用的主要是机电式常闭型鼓形块式制动器, 其结构组成如图 8-51~8-55 所示。由于制动器在桥 (门) 式起重机中起着制停载荷和正常停车的作用, 因此, 制动器及其零部件必须要处于正常的工作状态, 方能保证起重机械的使用安全。为满足起重机械安全使用的要求, 当制动器的零部件出现下述情况之一时, 应当予以报废。

(1) 组成制动器的零部件如制动臂、制动弹簧、制动轮等出现裂纹时。

(2) 制动摩擦片厚度磨损达原厚度的 50% 或者露出铆钉时。

(3) 制动臂、制动弹簧和制动轮等零件产生塑性变形。

(4) 制动轮表面的凹凸不平度大于 1.5mm。

8. 电磁吸盘

当电磁吸盘出现以下情况之一时, 应当予以报废。

(1) 吊环销轴的磨损量超过名义直径的 1/3。

(2) 转动臂磨损量达到原横截面的 1/4。

(3) 两棘爪与两棘轮配合松动, 起吊不能保证同步时。

（4）螺纹连接部位出现松动时。

（5）吸盘表面磨损严重、不平整。

（6）当电磁吸盘的拉脱力是额定载荷 2.5 倍时，需降级使用；当电磁吸盘的拉脱力是额定载荷 2 倍时，应当予以报废。

第二节　常见故障

起重机械是一个危险性较大的、机电一体化的特种设备，其与其他的机电设备一样在生产使用过程中也会发生各种故障，这些故障主要表现在两方面，一方面是机械故障，另一方面是电气故障。

1. 常见的机械故障

（1）制动器刹车不灵、制动力矩小，起升机构发生溜钩现象；在运行机构中发生溜车现象。

故障主要原因分析及解决方案：

1）制动轮表面有油污，导致摩擦系数减小、制动力矩减小，可能会产生刹不住车。可用煤油或者汽油将表面油污清洗干净，即可解决。

2）制动瓦衬磨损严重、铆钉裸露，制动时铆钉与制动轮表面相接触。这不但降低了制动力矩而且又拉伤了制动轮表面，危害较大。通过更换制动瓦衬即可。

3）制动弹簧调整不当、张力小而导致制动力矩减小、刹不住车而产生溜车或溜钩现象。重新调整制动器使制动弹簧的张力增大。

4）制动弹簧疲劳，材料老化或产生裂纹、塑性变形、张力显著减小而刹不住车或溜钩。应更换新的制动弹簧并调整之。

5）制动器安装不当、制动器闸架与制动轮不同心或偏斜而导致溜车或溜钩现象。通常先把制动器闸架的固定螺栓松开，然后将制动器调紧，使制动闸瓦抱紧制动轮，而后再将悬浮的制动器闸架底部间隙垫实，最后再紧固连接螺栓，即可达到两者同心、不偏斜。

6）电磁铁行程调整不当或长行程制动电磁铁水平杠杆下面有异物，导致溜车或溜钩现象。通常重新调整电磁铁行程或去除异物即可解决。

7）液压推动器的叶轮转动不灵活，导致制动力矩减小。调整叶轮消除卡塞阻力，使叶轮转动灵活，即可解决。

（2）制动器打不开。

故障主要原因分析及解决方案：

1）制动弹簧张力过大、电磁铁拉力小于制动弹簧的张力，故制动器闸瓦打不开，重新调整制动器，使制动弹簧张力适当减小即可。

2）制动器杠杆传动系统有卡阻现象，松闸所需的电磁力在传递中受阻，故制动器闸瓦打不开。检查杠杆传动系统，消除卡阻现象，即可解决。

3）制动器制动螺杆变形或弯曲，螺杆头顶碰不到电磁铁的动铁芯，故无法推开制动闸瓦。拆开制动器，取下螺杆将其调直或更换螺杆即可。

4）制动瓦衬胶粘在有污垢的制动轮工作面上。清除制动轮表面上的污垢，即可解决。

5）电磁铁线圈被烧毁或其接线折断、制动电磁铁无法产生电磁力所致，更换制动线圈或接通线圈的接线即可。

6）液压推动器的叶轮卡阻，消除叶轮卡阻故障即可。

7）电气线路的电压降过大，导致制动电磁铁线圈电压低于额定电压的80%、电磁铁产生的电磁力小于制动弹簧的张力，故制动器闸瓦打不开，找出电压降过大的原因，恢复正常电压值即可解决。

（3）制动器工作时，制动瓦衬"发热、冒烟"，并伴有烧焦味道产生，制动瓦衬快速磨损。

故障主要原因分析及解决方案：

1）制动瓦衬与制动轮工作面间的间隙调整不当、间隙过小、工作时制动瓦衬始终接触制动轮工作面而摩擦生热所致。重新调整制动瓦衬与制动轮工作面间的间隙，使其均匀且在工作时能完全脱开且不与制动轮工作面接触。

2）短行程制动器的调节弹簧失效，推不开制动器闸瓦，致使制动瓦衬始终贴于制动轮工作面上工作，长期摩擦生热所致。更换并重新调整调节弹簧。

3）制动器闸架与制动轮不同心，制动瓦衬边缘与制动轮工作面脱不开而摩擦生热所致。重新安装或调整制动器，使制动器闸架与制动轮达到同心要求即可。

4）制动轮工作表面粗糙、制动瓦衬的曲率半径与制动轮工作表面半径不匹配，制动不良所致。重新光整制动轮或更换制动瓦衬或制动轮即可。

（4）制动器的制动力矩不稳定。

故障主要原因分析及解决方案：

1）制动轮不圆，径向跳动较大，在制动过程中周期性的碰撞制动瓦衬而导致制动力矩的变化。重新车制制动轮使其达到技术要求或更换合格的同型号规格制动轮。

2）制动器闸架与制动轮不同心，制动时制动轮碰擦制动瓦衬所致。重新安装并调整制动器闸架。

（5）机构运行时，减速器在桥架上有振动现象。

故障主要原因分析及解决方案：

1）减速器底座地脚螺栓连接松动、紧固不可靠所致。重新紧固地脚螺栓即可。

2）减速器输入轴与电动机输出轴不同心或减速器输出轴与所带动的工件轴不同心，均会导致减速器在运转时机身的颤抖。重新调整减速器的安装位置，使减速器输入轴与电动机输出轴间的同心度达到技术要求，即可消除振动。

3）减速器底座支承钢结构刚度差，在工作时产生变形而发生振动现象。加固支承架提高其刚度。

（6）小车呈三条腿（就是小车有三个车轮与小车轨道接触，

有一个车轮悬空）的运行状态。

1）小车在桥架任何位置总是有"A"（某一）轮悬空。

故障主要原因分析及解决方案：

① 此"A"轮制造不合格，直径小超出允差范围，故在车架安装轴线处于同一水平面上的条件下"A"轮悬空。更换此轮即可解决消除悬空现象。

② 车轮直径均合格，只是车轮安装精度差、四车轮轴线不在同一水平面上，此"A"轮的轴线偏高，故而出现悬空现象。将"A"轮轴线下移，重新使四车轮轴线处于同一水平面上即可解决。

③ 小车架制造不符合要求或产生变形，此"A"轮所处的部位产生翘角现象。矫正或加固小车架，消除翘角现象，达到合格要求即可彻底解决。

2）小车在桥架某一或两三个位置出现"三条腿"现象，在其他位置正常。

故障主要原因分析及解决方案：

① 同一断面位置处两根主梁标高差超出允许的偏差范围，致使位于标高低的主梁上方的车轮悬空。

② 小车轨道安装质量差，同一断面两根小车轨道顶面标高差超出允许的偏差范围。

通常采用调整小车轨道的方法，使该断面两根小车轨道顶面标高一致或在允许的范围之内即可解决。

（7）小车运行时发生打滑现象。

故障主要原因分析及解决方案：

1）轨道顶面有油污或砂粒等，室外工作起重机的轨道顶面有冰霜等。

2）小车车轮安装质量不合格，有悬空现象，特别是主动车轮有悬空或轮压小。调整车轮的安装位置、增大主动轮轮压。

3）同一断面内两根小车轨道顶面标高差过大，造成主动轮轮压相差过大。调整小车轨道顶面标高使之达到安装标准要求。

（8）小车起动时车身摇摆，振动较大。

故障主要原因分析及解决方案：

当小车运行电动机为鼠笼式电动机时，由于起动过猛，在主动轮轮压不均或有一轮悬空时，即会发生这种现象。调整车轮安装精度或调整小车轨道顶面标高使之达到安装标准要求即可解决。

（9）大车运行时车轮轮缘啃轨道，车轮轮缘磨损严重，甚至有时掉出轨道。

故障主要原因分析及解决方案：

1）车轮制造不合格，特别是两主动轮踏面直径相差较大，造成大车两侧直线度不等，使车体走斜所致。在测得主动轮踏面直径差后，拆下不合格主动轮并重新车制或更换，使其与另一轮直径相等，再次安装后即可解决。

2）两侧传动系统中传动间隙相差过大，大车在起动时不同步，导致车体走斜而啃轨。制动时亦由于间隙相差过大而使大车斜置造成啃轨现象。检查两侧传动系统，消除过大间隙，使两侧传动均达到技术要求即可解决。

3）大车车轮安装精度不良，质量不符合技术要求，特别是大车在水平方面倾斜而引起大车走斜，啃轨极为严重。检查测量车轮安装精度，找出水平偏斜的车轮并重新调整，使其水平偏差小于 $L/1000$（L 为测量弦长）。

4）桥架结构产生变形，引起大车对角线超差，出现菱形而导致大车车轮啃轨。检查测量桥架（大车）两对角线相对差，确定矫正修理方向。通常用火焰矫正法矫正修理桥架，使大车两对角线允差符合技术要求。有时亦可采用调整车轮位置的方法以达到大车对角线相对差符合技术标准的要求。

5）大车轨道安装质量不符合要求，如两根大车轨道顶面标高相差过大，跨度超出允差等，亦会导致大车啃轨，调整大车轨道，使之达到安装标准的要求。

6）分别驱动时两端制动器调整不当，特别是有一端制动器未完全打开时，两侧运行阻力不一致，造成车体走斜而啃轨。调整两端制动器，使其完全打开，制动时两侧制动力矩均等。

7）两侧电动机转速不同，导致两侧车轮运行的线速度不等，造成车体运行不同步走斜而啃轨。应更换其中的一个电动机达到同步即可。

8）轨道顶面上的油污、冰霜、杂物等也是引起大车啃轨因素之一。清除轨道顶面上的油污、冰霜和杂物等即可。

2. 常见的电气故障

（1）电气设备常见故障

1）电动机在运转过程中经常过热。

故障主要原因分析及解决方案：

① 电动机功率、接电持续率与机构实际工作类型不符或因持续超载使用而发热。应更换与实际工作类型相符的电动机和禁止超载。

② 电动机在供电电压偏低的情况下运行，当供电电压偏低时应停止工作，以防烧毁电动机或出事故。

③ 机械传动系统中有阻滞传动不畅现象，阻力的增大使电动机发热。检查机械传动系统，消除不同心等传动阻滞、不畅等故障点。

2）电动机在运行时有振动现象。

故障主要原因分析及解决方案：

① 电动机输出轴与减速器输入轴不同心，调整电动机的安装位置或调整电动机输出轴与减速器输入轴间的同心度，使之达到所需的技术要求，即可消除振动现象。

② 电动机轴承精度降低或损坏，导致电动机轴线倾斜而增大运行阻力。拆除旧轴承，更换新轴承。

③ 电动机转子变形，严重时会与定子相碰触，产生"扫膛"现象并导致电动机发热、振动。拆检电动机，将转子调直或更换电动机转子。

3）控制器在扳转操作过程中有卡住现象。

故障主要原因分析及解决方案：

① 触头接触不良，打火而将动、静触头焊住。可用什锦锉细致地锉平触头接触面，确保动、静触头接触良好。

② 控制器定位机构发生故障，检查、修理或更换定位机构使其转动灵活、可靠。

4）接触器触头烧蚀严重。

故障主要原因分析及解决方案：

① 动、静触头接触不良，开闭时经常打火而烧损触头。修整触头，调整触头间的压力，使其接触良好。

② 控制器容量不够，过载所致，通常是更换容量大一级的控制器即可。

③ 相间有短路点，强大的短路电流将触头烧蚀。检查电路，找出故障点并消除。

5）交流接触器线圈产生高热。

故障主要原因分析及解决方案：

① 线圈过载。减小动触头的压力即可解决。

② 动、静铁芯极面闭合时接触不良，存有间隙，产生涡流致使线圈过载发热。消除极面存有间隙的因素，如不平整、卡塞或极面污垢等。

6）接触器工作时声响过大。

故障主要原因分析及解决方案：

① 接触器线圈过载。

② 动、静磁铁极面间有脏污。

③ 动、静磁铁相对位置错位，磁路受阻所致。调整动、静铁芯的位置，使磁路畅通。

④ 动磁铁转动部分有卡阻现象，转动不灵活。对磁铁转动部位（销轴及孔）加油润滑，消除附加阻力，使其转动灵活。

7）接触器开闭动作迟缓。

故障主要原因分析及解决方案：

此故障一般是由于动、静铁芯极面间隙过大所致。调整极面间隙即可解决。

（2）电气线路常见故障

起重机的电气线路故障比较多，为了迅速排除故障、减少修理时间，要求维护保养人员必须熟悉起重机的工作原理、电气线路的布置、电气设备及电气元件的性能作用及其安装位置。当故障发生时，应能根据故障现象来判断故障可能发生的部位在哪里，并运用电工仪表和工具按电气传动顺序逐步进行检查，最后找到发生故障的部位，采取措施予以解决。下面介绍一些常见的线路故障及排除方法。

1）推合保护柜的三相开关，按下启动按钮，控制回路熔断器熔丝熔断。

故障主要原因分析及解决方案：

此故障通常是由于控制回路接地短路所致。应采用电工仪表查找短路接地点（部位）并消除。

2）推合保护柜开关，按下启动按钮，起重机主接触器不吸合。

故障主要原因分析及解决方案：

① 电路无电压。

② 控制回路熔断器熔丝熔断。

③ 各控制器手柄有不置于零位者。

④ 紧急停止开关或电气联锁开关有未闭合者。

⑤ 各过电流继电器的常闭触点有未闭合者。

⑥ 主接触器线圈烧断或其接线折断等。

按线路逐步顺序检查，即可找到起重机主接触器不吸合的原因并消除之。

3）起重机起动后，起动按钮脱开后不能自锁，接触器释放（俗称掉闸）。

故障主要原因分析及解决方案：

通常是由于两个互锁接触器的联锁触头接触不良所致。调整两个互锁接触器的联锁触头（如弹簧压力），使其保持接触良好即可解决。

4）起重机在运行时经常发生主接触器释放（俗称大车"掉闸"）现象。

故障主要原因分析及解决方案：

① 大车过电流继电器整定值调得偏小，大车在工作时过电流继电器经常动作所致。

② 大车滑触线安装直线度不良，尘垢太多或有锈蚀层，导致起重机电流引入器集电托经常脱开供电滑触线所致。

③ 起重机轨道安装不良，轨道接缝间隙过大，起重机运行时产生剧烈振动，使集电托瞬间脱开所致。

④ 司机室门关闭不牢，起重机运行时产生振动而使门开关常闭触点有瞬间断开所致。

⑤ 各机构及总过电流继电器的常闭触点因振动而瞬间过流断开所致。

⑥ 部分接触器自锁触点接触不牢靠，有时因振动有瞬间断开。

5）当开动某机构运行时，起重机就"掉闸"。

故障主要原因分析及解决方案：

① 保护该机构电动机的过电流继电器整定值偏小，当该机构电动机工作时，该机构的过电流继电器动作而使控制回路断电导致起重机"掉闸"。

② 该机构电动机电源线有相间短路或相对地短路者，短路电流使电器保护动作而断电。

③ 该机构有卡阻现象，导致阻力增大，使电动机电流增大而使过电流继电器动作。

6）某机构终端限位装置动作后，起重机不断电，机构可继续运转。

故障主要原因分析及解决方案：

① 终端限位装置电气线路中发生短接而使限位装置失效。检查线路，排除短接点，使限位装置常闭触点串入控制回路中即

可解决。

②限位装置接线错乱，控制方向错误。应重新正确接线。

7）起重机起动后，只有大车运行机构能运转，起升机构和小车运行机构不能动作。

故障主要原因分析及解决方案：

此故障通常是由于小车电流引入器的集电托与小车滑触线接触不良或供电电缆断线，造成两机构电动机缺相或无供电电源所致。检查集电托与滑触线的接触情况或供电电缆的通断情况并予以排除。

8）大车集中驱动时，大车电动机不工作，其他机构工作正常。

故障主要原因分析及解决方案：

①大车过电流继电器线圈或其接线断开而造成大车电动机缺相所致。

②电动机定子绕组或其接线有短路情形。

③大车控制器定子触头接触不良而造成电动机缺相。

检查电动机不工作的原因，采取相应措施解决。

9）大车分别驱动时，大车电动机不工作，其他机构工作正常。

故障主要原因分析及解决方案：

此故障通常是由于保护柜内主接触器主触点至控制器静触点间的电气线路有断路点所致，应仔细检查电路之断路点并接通之。

10）某机构电动机不工作（其他机构工作正常），或电动机转矩很小，轻载时启动也困难。

故障主要原因分析及解决方案：

①转子绕组引出线有接地处，或者由于其和滑环连接的铜片在90°弯角处断裂，造成转子回路有断开处。检查故障点并消除之。

②滑环和电刷接触不良，碳刷烧损严重；碳刷架的弹簧压

力不够；碳刷引线折断或接线螺栓松动。检查接触不良处或更换电刷，调整弹簧压力，拧紧接线螺栓即可解决。

③ 集电滑块（集电托）与滑触线接触不良。

④ 集电滑块接线有折断。

⑤ 电阻元件有断裂处或电阻接线有折断。

⑥ 凸轮控制器转子回路触点烧损严重、接触不良所致。

分别检查，找出故障点并予以解决。